本試験によく出る！

乙種1・2・3・5・6類 危険物取扱者試験 問題集

〈科目免除者用〉

工藤政孝　編著

弘文社

ま　え　が　き

　本書は，「わかりやすい！　乙種１，２，３，５，６類危険物取扱者試験（弘文社刊）」の続編として企画，編集されたものです。

　その主な編集方針は，かつて乙４危険物の問題集にも記しましたが，「**問題集は最高のテキストである**」という言葉に尽きると思います。

　すなわち，テキストには，一般的に試験で出題されるポイントに対して，かなり多めの範囲まで網羅されているのが一般的です。

　それに対して問題集の場合は，それが優れたものであるほど，出題のポイントばかりをついた内容となっています。

　つまり，**無駄が少ない**……言い換えれば，効率的な内容となっている，と言えるのではないかと思います。

　よって，ある程度の予備知識がある方なら，問題集を先にやってポイントを把握し，テキストは，そのポイントを補足する資料として利用する，という方法が，合格への効率的学習法ではないかと思います。

　本書は，このような考え方に基づいて，企画編集した問題集です。

　その主なポイントは，次のとおりです。
・本試験でよく出題されている問題には，それにふさわしい**マーク**を表示して
　“メリハリ”を付け，短期合格を目指す方にとっても使い勝手がよいように
　工夫した。
・重要な問題については，できるだけ**解説を充実させる**ようにした。
・**出題の可能性のある問題**をできるだけ取り入れた。
・あるポイントを把握していれば解ける問題については，「○○というポイン
　トを把握していれば解ける問題です。」のようなアドバイスを入れるように
　した。

　これにより，類似の問題が出た際には，そのポイントを利用することにより，迷わず解答を得ることができると考えております。

　以上のような特徴によって編集してありますので，「自分は多少時間がかかっても，確実に合格通知を受け取りたい」という方はもちろん，「重要マークの問題を中心にして短期合格を目指したい」という方にとっても，そのニーズに

応えられる問題集であると確信しております。

　ぜひ，本書を有効に利用して，合格の栄冠を見事，勝ち取っていただきたいと思います。

目　　次

第1章　危険物の類ごとの共通性状

第2章　第1類の危険物

第3章　第2類の危険物

第4章　第3類の危険物

本書の使い方

本書を使用するにあたり，次の点に留意してください。

（1）特急マークと急行マークについて

本書においても，「わかりやすい乙種１，２，３，５，６類危険物取扱者試験」同様，非常に重要な問題には特急マーク ━━特急★━ を，重要な問題には急行マーク ━急行★ を問題番号の横に表示してあります。

従って，すべて問題を一通り解いたあとに，時間がない場合は，この特急マークと急行マークを優先的に解答していけば，より時間を効率的に使うことができます。

また，　　　　のマークは余力があればやっておくと良い項目に表示してあり，学習を進めていく上で時間が足りない場合には，後回しにしても良いということを示しています。

（2）解答番号について

本書では，問題を解いている際に，解答番号が目に入らないよう，問題の解答は，原則として，次ページの下欄に表示してありますので，注意してください。

（3）解答カードについて

本書の298ページには，解答カードを表示してあります。本試験では，この解答カードとほぼ同様なカードを使って記入していきますので，このようなスタイルに慣れておいてください。

（4）分数の表し方について

本書では，たとえば，$\frac{1}{2}$ を１／２と表している場合がありますので，注意してください。

（5）本書の使用例

なお，**本書を使って次のような方法で学習すると，出来るだけ早く合格圏内に到達すると考えておりますので，第２章　第１類危険物（P.25）を参考にして説明しますので，参考にしてください。**

① **先ず,**

　1の第1類に共通する特性の重要ポイント（P.26）で**第1類危険物**の概要を把握し, 第1類に共通する特性の問題を解いて頭に定着させます。

② **次に,**

　2の**第1類危険物の性質早見表**（P.39）は, **第1類危険物**の各物質をおおむね把握してその問題を解く際に, 性状などをチェックする際に活用してください。

③ **さて,**

　この問題集は, 他のテキストなどで学習を終えている人を対象にしておりますので, **3**の第1類に属する各危険物のポイント（P.41）については, 復習の意味で軽く目を通してください。

　また, それが終わった後は, **4**の**第1類危険物の総まとめ**（P.73）に目を通して各物質の性状等の整理を行ってください。

④ **最後に,**

　第1類危険物に属する各物質の問題を解いてください。

　当然, 不明な部分が出てくると思いますが, 先ほどの**2**第1類危険物のデータや, **3**第1類に属する各危険物のポイント, **4**第1類危険物の総まとめを参照しながら, **第1類危険物**に属する各物質の問題を解いていってください。

　最初は, 何回もそれらに目を通さないと問題が解けなくても, 2回, 3回と繰り返し問題を解いていくと, やがて, 知識が定着して, 少し違う表現の問題が出題されても, 対応できる実力が形成されていくでしょう。

　以上のような方法を参考にして, できるだけ早く合格圏内に入る実力を養ってください。

受験案内

(1) 試験科目，問題数及び試験時間数等は次のとおりです。

種類	試 験 科 目	開題数	合計	試験時間数
甲種	① 危険物に関する法令（法令）	15問	45問	2時間30分
	② 物理学及び化学（物化）	10問		
	③ 危険物の性質並びにその火災予防及び消火の方法（性消）	20問		
乙種	① 危険物に関する法令（法令）	15問	35問	2時間00分（試験科目免除の場合は35分）
	② 基礎的な物理学及び基礎的な化学（物化） (イ)危険物の取扱作業に関する保安に必要な基礎的な物理学 (ロ)危険物の取扱作業に関する保安に必要な基礎的な化学 (ハ)燃焼及び消火に関する基礎的な理論	10問		
	③ 危険物の性質並びにその火災予防及び消火の方法（性消） (イ)すべての種類の危険物の性質に関する基礎的な概論 (ロ)第1類から第6類までのうち受験に係る類の危険物に共通する特性 (ハ)第1類から第6類までのうち受験に係る類の危険物に共通する火災予防及び消火の方法 (ニ)受験に係る類の危険物の品名ごとの一般性質 (ホ)受験に係る類の危険物の品名ごとの火災予防及び消火の方法	10問		
丙種	① 危険物に関する法令（法令）	10問	25問	1時間15分
	② 燃焼及び消火に関する基礎知識（燃消）	5問		
	③ 危険物の性質並びにその火災予防及び消火の方法（性消）	10問		

⑵　試験科目の一部免除の場合の試験時間

	必 要 条 件	免除される科目	科目免除後の試験時間
乙種受験者	①　既に1種類以上の乙種危険物取扱者免状の交付を受けている者で他の種類の乙種危険物取扱者試験を受ける者	乙種試験科目のうち①及び②	試験開始後35分間
	②　第1類又は第5類の危険物に係る乙種危険物取扱者試験を受ける者であって，火薬類取締法（昭和25年法律第149号）第31条第1項の規定による甲種，乙種若しくは丙種火薬類製造保安責任者免状又は同条第2項の規定による甲種若しくは乙種火薬類取扱保安責任者免状を有する者で科目の一部免除の申請をした者	乙種試験科目のうち②の(イ)及び(ロ)③の(ロ)及び(ニ)	試験開始後90分間
	①②　どちらも免状を有し科目免除を受けようとする者	乙種試験科目のうち①及び②③の(ロ)及び(ニ)	試験開始後35分間

⑶　複数種類の受験

　試験日又は試験時間帯が異なる場合は併願受験が可能な場合があります。詳しくは受験案内を参照してください。

⑷　試験の方法

　甲種及び乙種の試験については**五肢択一式**，丙種の試験については四肢択一式の筆記試験（共にマークシートを使用）で行います。

⑸　合　格　基　準

　甲種，乙種及び丙種危険物取扱者試験ともに，試験科目ごとの成績が，それぞれ60％以上であること。（乙種，丙種で試験科目の免除を受けた者については，その科目を除く）。

　つまり，「法令」で9問以上，「物理・化学」で6問以上，「危険物の性質」

で12問以上（**乙種の場合6問以上**）を正解する必要があるわけです。この場合，例えば法令で10問正解しても，「物理・化学」が5問以下であったり，あるいは，「危険物の性質」が11問以下（**同5問以下**）の正解しかなければ不合格となるので，3科目ともまんべんなく学習する必要があります。

(6)　受験願書の取得方法

　各消防署で入手するか，または（一財）消防試験研究センターの中央試験センター（〒151-0072　東京都渋谷区幡ヶ谷1-13-20　TEL 03-3460-7798）か各支部へ請求してください。

(7)　受験資格

　乙種，丙種には受験資格は特にありません。

　（甲種の受験資格については省略しますが，次の4種類の乙種危険物に合格すれば甲種の受験資格を得ることができます。●第1類又は第6類　●第2類又は第4類　●第3類　●第5類）

(8)　受験申請に必要な書類等

　一般的に，試験日の1か月半くらい前に受験申請期間（1週間くらい）があり，その際には，次のものが必要になります。

　①　受験願書

　②　試験手数料（甲種6,500円，**乙種4,500円**，丙種3,600円）

　　　所定の郵便局払込用紙により，ゆうちょ銀行または郵便局の窓口で直接払い込み，その払込用紙のうち，「郵便振替払込受付証明書・受験願書添付用」とあるものを受験願書のB面表の所定の欄に貼り付ける。

　③　既得危険物取扱者免状

　　　危険物取扱者免状を既に有している者は，科目免除の有無にかかわらず，免状の写し（表・裏ともコピーしたもの）を願書B面裏に貼り付ける。インターネットによる電子申請は一般財団法人消防試験研究センターのホームページを参照して下さい。http://www.shoubo-shiken.or.jp/

(9)　試験科目の免除

　他の乙種危険物取扱者免状を有する方は，「法令」と「物理・化学」の全てを免除して受験することができます。従って，「危険物の性質」の10問のみ受験すればよいことになります。

　また，火薬類免状を有する方で第1類か第5類を受験する方は，「物理・化学」の一部，「危険物の性質」の一部の免除を受けることができます。

⑽　複数種類の受験

　試験時間帯が重ならない同一試験会場での2種類または3種類受験も可能です。

　また，同一試験時間帯でも，乙種危険物取扱者免状（乙種4類は除く）を受けている者に限り，他の乙種試験を3種類まで同時に受験することができます（詳細は受験案内を参照してください）。

⑾　その他，注意事項

　①　試験当日は，受験票（3.5×4.5cmのパスポートサイズの写真を貼る必要がある），黒鉛筆（HB又はB）及び消しゴムを持参すること。

　②　試験会場での電卓，計算尺，定規及び携帯電話その他の機器の使用は禁止されています。

　③　自動車（二輪車・自転車を含む）での試験会場への来場は，一般的に禁止されているので，試験場への交通機関を確認しておく必要があります。

注意！！

受験案内は，変更される事がありますので各自，必ず早めの確認を行って下さい。

⑿　受験一口メモ

　①　受験前日

　　これは当たり前のことかもしれませんが，当日持っていくものをきちんとチェックして，前日には確実に揃えておきます。特に，**受験票**を忘れる人がたまに見られるので，筆記用具とともに再確認して準備しておきます。

　　なお，解答カードには，「必ずHB，又はBの鉛筆を使用して下さい」と指定されているので，HB，又はBの鉛筆を2〜3本用意しておきます（100円ショップなどで売られている「ロケット鉛筆」は削る必要がないのでおすすめです）。

② 集合時間について

　　たとえば，試験が10時開始だったら，集合はその30分前の9時30分となります。試験には精神的な要素も多分に加味されるので，遅刻して余裕のない状態で受けるより，余裕をもって会場に到着し，落ち着いた状態で受験に臨む方が，よりベストといえるでしょう。

③ 試験開始に臨んで

　　試験会場にいくと，たいてい直前まで参考書などを開いて暗記事項を確認したりしているのが一般的に見られる光景です。

　　あまりおすすめできませんが，仮にそうして直前に暗記したものや，または暗記があやふやなものは，試験が始まれば，問題用紙にすぐに書き込んでおくと安心です（問題用紙にはいくら書き込んでもかまわない）。

④ 途中退出

　　試験開始後35分経過すると，途中退出が認められます。

　　受験する類が1つのみで科目免除を受ける場合は，試験時間が35分なので，退出しなければなりませんが，2つの場合は70分となるので，まだ全問解答していないと，人によっては"アセリ"がでるかもしれません。しかし，ここはひとつ冷静になって，「試験時間は十分にあるんだ」と言い聞かせながら，マイペースを貫いてください。実際，70分もあれば，1問あたり5分半くらいで解答すればよく，すぐに解答できる問題もあることを考えれば，十分すぎるくらいの時間があるので，アセル必要はない，というわけです。

　なお，余談ですが，会場となる施設（一般的には学校関係が多い）までは，公共機関を利用するのが一般的だと思いますが，その際，往復の切符を購入するか，あるいは，到着と同時に帰りの切符を購入しておくことをおすすめしておきます（帰りは，たいてい切符の販売機の前に長い行列ができるため）。

合格大作戦

　ここでは，できるだけ早く合格ラインに到達するための，いくつかのヒントを紹介しておきます。

 1. トラの巻をつくろう！

　類によっても異なりますが，決して少ないとはいえない数の危険物の性状等を暗記するというのは，なかなか大変な作業です。

　そこで，本書では各類の最後に「まとめ」を設けて，知識の整理が行えるようにしてあるのですが，それらのほかに，自分自身の「まとめ」，つまり，**ト
ラの巻**をつくると，より学習効果があがります。

　たとえば，液体の色が同じものをまとめたり，あるいは，名前が似ていてまぎらわしいものをメモしたり……などという具合です。

　また，本書には数多くの問題が掲載されていますが，それらの問題を何回も解いていくと，**いつも間違える苦手な箇所**が最後には残ってくるはずです。

　その部分を面倒臭がらずにノートにまとめておくと，知識が整理されるとともに，受験直前の知識の再確認などに利用できるので，特に暗記が苦手な方にはおすすめです。

 2. 問題は最低3回は繰り返そう！

　その問題ですが，**問題は何回も解くことによって自分の"身に付きます"**。

　従って，最低3回は繰り返したいところですが，その際，問題を3ランクくらいに分けておくと，あとあと都合がよくなります。

　たとえば，問題番号の横に，「まったくわからずに間違った問題」には×印，「半分位解けていたが結果的に間違った問題」には△印，「一応，正解にはなったが，知識がまだあやふやな感がある問題」には○印，というように，印を付けておくと，2回目以降に解く際に問題の（自分にとっての）難易度がわかり，時間調整をする際に助かります。

　つまり，時間があまり残っていない，というような時には，×印の問題のみをやり，また，それよりは少し時間がある，というような時には，×印に加えて△印の問題もやる，というような具合です。

3．マーカーを効率よく利用しよう

　たとえば，テキストの内容を思い出そうとする時，「そういえば，あれは〇〇ページのあの部分に書かれてあったなぁ」などと思い出すことはないでしょうか？　そうです。一般に，何かを思い出そうとするときは，**視覚を手がかりにする**ことがよくあるのです。

　従って，その手がかりとなる視覚をさらに強烈に刺激してやることによって，より思い出せるようにしてやるのです。

　マーカーは，その思い出そうとするときの手がかりをパワーアップしてくれる有効なアイテムとなるのです。

　その際，ポイント部分にマーキングだけではなく，たとえば，ページの上にあるタイトルや，表，あるいはゴロ合わせの部分などに赤や青などのマーキングをしておけば，そのページを思い出す有効な手がかりとなるのです。

　そして，その際，マーキングが鮮明なほど思い出せる確率がグッと高くなるので，できればよく目立つ色（金，銀，赤，青，緑，茶など）のみを使って，これは！と思う所のみにマーキングをしておけば，より思い出せる確率が高くなるでしょう。

 4．場所を変えてみよう

　場所を変えるのは，気分転換の効果をねらってのことです。

　これは，短期合格を目指す際には有効となる方法です。

　たとえば，第1類を受験するのであれば，1時間自室で「塩素酸塩類」を学習したあと，自転車で30分移動して公園のベンチで「亜塩素酸塩類」を1時間やり，そこから再び30分移動して図書館で「過マンガン酸塩類」を1時間やる，という具合です。

　こうすると，自転車で移動している間に大脳の疲労が回復し，かつ，場所を変えることによる気分転換も加わるので，学習効率が上がる，というわけです。

　以上，受験学習の上でのヒントになると思われるポイントをいくつか紹介しましたが，このなかで自分に向いている，と思われたヒントがあれば，積極的に活用して効率的に学習をすすめていってください。

危険物の
類ごとの共通性状

　類ごとの共通性状の重要ポイント

急行★

	性質	状態	燃焼性	主な性質
1類	酸化性固体 （火薬など）	固体	不燃性	①　そのもの自体は燃えないが，**酸素を多量に含んでいて**，**他の物質を酸化させる**性質がある。 ②　**可燃物**と混合すると，加熱，衝撃摩擦などにより，（その酸素を放出して）爆発する危険がある。
2類	可燃性固体 （マッチなど）	固体	可燃性	①　**着火**，または**引火**しやすい。 ②　燃焼が**速く**，消火が困難。
3類	自然発火性および禁水性物質 （発煙剤など）	液体または固体	可燃性 （一部不燃性）	①　自然発火性物質⇒空気にさらされると**自然発火**する危険性があるもの。 ②　禁水性物質⇒水に触れると**発火**，または**可燃性ガス**を発生するもの。
4類	引火性液体	液体	可燃性	引火性のある液体。
5類	自己反応性物質（爆薬など）	液体または固体	可燃性	**酸素**を含み，加熱や衝撃などで**自己反応**を起こすと，発熱または爆発的に燃焼する。
6類	酸化性液体 （ロケット燃料など）	液体	不燃性	①　そのもの自体は燃えないが，**酸化力が強い**ので，混在する他の可燃物の燃焼を促進させる。 ②　多くは**腐食性**があり，**皮膚**をおかす。

類ごとの共通性状の問題

【問題1】

第1類から第6類の危険物の性状等について，次のうち誤っているものはどれか。

(1) 危険物には単体，化合物および混合物の3種類がある。

(2) 同一の類の危険物に対する適応消火剤および消火方法は同じである。

(3) 不燃性の液体および固体で，酸素を分離し，他の燃焼を助けるものがある。

(4) 多くの酸素を含んでおり，他から酸素の供給がなくても燃焼するものがある。

(5) 水と接触して発熱し，可燃性ガスを生成するものがある。

解説

(1) 単体は**1種類**の元素のみで構成されている物質であり，化合物は**2種類以上**の元素が化学的に結合した物質，また，混合物は**2種類以上**の物質が化学結合せずに単に混合した物質のことをいいます。

(2) たとえば，第1類の危険物は，一般的に注水消火しますが，アルカリ金属の過酸化物は注水厳禁であり，また，第3類の黄リン（自然発火性のみ）は注水消火しますが，同じく第3類のリチウム（禁水性のみ）は注水厳禁なので，同一類の消火方法でも異なることがあり，誤り。

(3) 「酸素を分離し，他の燃焼を助ける」とは，第1類や第6類の**酸化剤**が該当します。

(4) **第5類**の危険物は，多くの酸素を含み，他から酸素の供給がなくても自己燃焼をします。

(5) たとえば，**第3類の禁水性物質**であるカリウムやナトリウムおよびリチウムなどは，水と接触して発熱し，可燃性ガスである水素を発生します。

【問題2】

第1類から第6類の危険物の性状等について，次のうち正しいものはどれか。

(1) 危険物には，すべて引火点がある。

解 答

解答は次ページの下欄にあります。

(2) 危険物は，必ず燃焼する。

(3) 危険物は，その分子内に炭素，酸素又は水素のいずれかを含有している。

(4) 危険物は，1気圧において，常温（20℃）で液体または固体である。

(5) 液体の危険物の比重は1より小さいが，固体の危険物の比重はすべて1より大きい。

解説

 この問題は，「消防法における危険物に気体のものはない」ということを把握していれば解ける問題です。

(1)(2) たとえば，第1類や第6類の危険物は**不燃性**なので，引火点はなく，また，燃焼しません。

(3) たとえば，第2類の硫化リン（三硫化リン：P_4S_3）や赤リン（P），硫黄（S）などに，炭素（C），酸素（O），水素（H）のいずれも含有していないので誤り。

(4) 巻末資料1の表を見てもわかるとおり，消防法における危険物は，**液体または固体**であり，気体のものは含まれていません。

(5) 液体の危険物でも，**二硫化炭素**（第4類の特殊引火物）や**硝酸**（第6類危険物）のように，比重が1より大きいものもあり，また，固体の危険物でも，**カリウムやナトリウム**（いずれも第3類の危険物）のように，比重が1より小さいものもあります。

【問題3】　急行★

危険物の類ごとに共通する性状について，次のうち誤っているものはどれか。

(1) 第1類の危険物は，加熱，衝撃，摩擦により容易に分解し，酸素を放出しやすい物質である。

(2) 第2類の危険物は，着火しやすい可燃性固体であり，自然発火したり，水との接触により発熱したりすることはない。

(3) 第3類の危険物の多くは，空気や水と接触することにより，発熱し，可燃性ガスを発生して発火する。

(4) 第4類の危険物は，火気などにより発火，爆発するおそれがある。

解　答

【問題1】…(2)

(5)　第5類の危険物は，加熱，衝撃，摩擦により発火，爆発するおそれがある。

解説

(1)　第1類の危険物は，**酸素**を含んでおり，加熱，衝撃，摩擦により容易に分解して，酸素を放出します。

(2)　第2類の危険物のうち，**赤リン**，**鉄粉**，金属粉(**アルミニウム粉**や**亜鉛粉**)，**マグネシウム**などは，自然発火のおそれがあります。

(3)　ほとんどの第3類危険物は，空気や水と接触することにより，水素などの可燃性ガスを発生します。

(4)　その通り。

(5)　第5類の危険物は，**酸素**を含む物質で，加熱，衝撃，摩擦等により，自己反応を起こし，発火，爆発するおそれがあります。

【問題4】　急行★

危険物の類ごとの性状について，次のA〜Eのうち誤っているものはいくつあるか。

A　第1類の危険物は，酸化力の強い固体である。

B　第2類の危険物は，いずれも固体の無機物質で，酸化剤と接触または混合すると衝撃等により爆発する危険性がある。

C　第3類の危険物は，いずれも自然発火性物質および禁水性物質の両方の危険性を有する物質である。

D　第4類の危険物は，引火性の液体であり，静電気の火花によって引火するものもある。

E　第6類の危険物は，酸化力が強く，自らは不燃性であるが，有機物と混ざるとこれを酸化させ，着火させることがある。

　　(1)　1つ　　　(2)　2つ　　　(3)　3つ
　　(4)　4つ　　　(5)　5つ

解説

A　第1類の危険物は，**酸化性固体**です。

B　第2類の危険物のうち，引火性固体は炭素を含むので，**有機物質**です。従っ

解　答

【問題2】…(4)

て，「いずれも固体の無機物質」の部分が誤りです。

C　誤り。第3類の危険物のうち，**黄リンは自然発火性のみ**，**リチウムは禁水性のみ**の物質です。

D　正しい。第4類危険物は，**引火性液体**です。

E　正しい。第6類危険物は，**第1類危険物**と同じく，自らは**不燃性**ですが，有機物などの可燃物と混ざるとこれを酸化させ，着火させるおそれがあります。

従って，誤っているのはB，Cの2つになります。

【問題5】

　危険物の類ごとの一般的性状について，次のうち正しいものはどれか。

⑴　第1類の危険物は，空気にさらされると自然発火するおそれがある固体である。

⑵　第2類の危険物は，いずれも比重は1より大きく，酸化剤との接触または混合により発火，爆発するおそれがある。

⑶　第4類の危険物は，蒸気比重が1より大きく，その蒸気は高所に滞留しやすい。

⑷　第5類の危険物は，空気中の水分と反応し，発熱するとともに水素を発生する。

⑸　第6類の危険物は，いずれも酸化性の固体で，可燃物と接触すると酸素を発生する。

解説

⑴　第1類の危険物に自然発火性はありません。

⑵　第2類危険物の性状です。

⑶　蒸気は空気より重いので，**低所**に滞留しやすくなります。

⑷　第5類危険物は，水とは反応しません。

⑸　第6類の危険物は，酸化性の**液体**です。

【問題6】

　危険物の類ごとに共通する性状について，次のうち正しいものはどれか。

解　答

【問題3】…⑵　　　　　　　　　【問題4】…⑵

(1)　第1類の危険物は可燃性であり，燃え方が速い。
(2)　第2類の危険物は，着火または引火の危険性のある液体である。
(3)　第3類の危険物は，水との接触により発熱し，発火するものが多い。
(4)　第4類の危険物の多くは，電気の良導体である。
(5)　第5類の危険物は，酸素含有物質であり，酸化性が強い。

解説

(1)　第1類の危険物は**不燃性**です。
(2)　第2類の危険物は**固体**です。
(3)　第3類の危険物の性状です。
(4)　第4類危険物の多くは，電気の**不良導体**です
(5)　酸化性が強いのは，第1類と第6類危険物です。

【問題7】

　危険物の類ごとの**性状**について，次のうち正しいものはどれか。
(1)　第1類の危険物は，いずれも酸素を含む自己反応性の物質である。
(2)　第3類の危険物は，可燃性の固体または液体で，自ら酸素を含有しており，燃焼速度が極めて大きい。
(3)　第4類の危険物は，いずれも引火点と発火点を有する可燃性の物質で，発火点の方が引火点より低い。
(4)　第5類の危険物は，可燃性の固体または液体であり，引火性の物質もある。
(5)　第6類の危険物は，不燃性の液体であり，分解すると可燃性ガスおよび酸素を発生し，発火，爆発する。

解説

(1)　自己反応性は，**第5類**の危険物です。
(2)　問題文は，**第5類**の危険物の内容です。
(3)　「発火点の方が引火点より**高い**。」が正解です。
(4)　第5類危険物の引火性の物質とは，**過酢酸**や**ピクリン酸**などです。
(5)　第6類の危険物は，不燃性の液体ですが，問題文のような，性状はありません。

解　答

【問題5】…(2)

【問題8】

　危険物の類ごとの一般的性状について，次のうち正しいものはいくつあるか。

A　第1類の危険物は，いずれも水によく溶ける物質で，木綿，紙などにしみこみ，乾燥すると爆発する危険性がある。

B　第2類の危険物は，一般に，比重は1より大きく水に溶けないが，水と接触して発火するものがある。

C　第3類の危険物は，いずれも自然発火性または禁水性の危険性を有しており，多くは両方の危険性を有する。

D　第4類の危険物は，いずれも炭素と水素からなる化合物で，蒸気は空気より重い。

E　第5類の危険物は，いずれも可燃性の固体で，酸素または窒素のいずれかを含有している。

(1)1つ　　　(2)2つ　　　(3)3つ

(4)4つ　　　(5)5つ

解説

A　第1類の危険物は，一般に水に溶けやすい物質ですが，溶けない，または，溶けにくい物質もあります。

B　なお，「水と接触して発火するもの」とは，金属粉（**アルミニウム粉，亜鉛粉**）や**マグネシウム**などの危険物です。

C　第3類の危険物の多くは，自然発火性と禁水性の両方の危険性を有していますが，自然発火性のみ（**黄リン**）の物質や禁水性のみ（**リチウム**）の物質もあります。

D　第4類危険物には，炭素と水素からなる化合物（炭化水素）が多いですが，特殊引火物の**二硫化炭素（CS₂）**のように，水素（H）を含まない物質もあります。

E　「酸素または窒素のいずれかを含有している」というのは正しいですが，第5類の危険物は，可燃性の**固体**または**液体**です。

　従って，正しいのは，B，Cの2つになります。

解　答

第1類の危険物

第1類に共通する特性の重要ポイント

（1）共通する性状　特急★★

1. 大部分は**無色の結晶**か，**白色の粉末**である。
2. **不燃性**である（⇒**無機化合物**である）。
3. **酸素を含有している**ので，加熱，衝撃および摩擦等により分解して**酸素を発生し**（⇒**酸化剤になる**），周囲の可燃物の燃焼を促進させる。
4. **アルカリ金属の過酸化物**（またはこれを含有するもの）は，水と反応すると**発熱し酸素を発生する**。
5. **比重は1より大きい**。
6. ほとんどのものは，**水に溶ける**。

（2）貯蔵および取扱い上の注意

1. **加熱**（または**火気**），**衝撃**および**摩擦**などを避ける。
2. 酸化されやすい物質および**強酸**との接触を避ける。
3. **アルカリ金属の過酸化物**（またはこれを含有するもの）は，**水との接触を避ける**。
4. **密栓して冷所**に貯蔵する。
5. **潮解**しやすいものは，湿気に注意する。

（3）共通する消火の方法　特急★★

　大量の水で冷却して分解温度以下にする（分解による酸素の供給を停止）。ただし，**アルカリ金属の過酸化物**等は禁水なので，初期の段階で**炭酸水素塩類の粉末消火器**や**乾燥砂**などを用い，中期以降は，**大量の水**を可燃物の方に注水し，延焼を防ぐ。なお，**二酸化炭素消火剤**，**ハロゲン化物消火剤**は適応しない。

第1類に共通する特性のまとめ

共通する性状	1. 比重は**1より大きい**。 2. **不燃性で無色の結晶**（または**白色の粉末**）。 3. **加熱，衝撃等**により**酸素を発生**し，可燃物の燃焼を促進する。 4. **アルカリ金属の過酸化物**は**水**と発熱反応し**酸素**を発生する。	
貯蔵，取扱い方法	1. **火気，衝撃，可燃物（有機物），強酸**との接触をさける。 2. **アルカリ金属の過酸化物**は**水**との接触を避ける。	
消火方法	・原則	・水系（**水，強化液，泡**） ・**粉末（リン酸塩類）** ・**乾燥砂等**（膨張ひる石，膨張真珠岩含む）
	・アルカリ金属の過酸化物等（アルカリ土類金属含む）	・**粉末（炭酸水素塩類）** ・**乾燥砂等** （注水は厳禁！）
	・適応しない消火剤	・**二酸化炭素消火剤** ・**ハロゲン化物消火剤**

第1類に共通する特性の問題

〈第1類に共通する性状〉（⇒重要ポイントはP.26）

【問題1】 特急 ★★

　第1類の危険物の性状について，次のうち誤っているものはどれか。

(1)　一般的に，無色又は白色の固体である。

(2)　不燃性である。

(3)　いずれも分子中に酸素を含有している。

(4)　いずれも水と激しく反応する。

(5)　加熱，衝撃により爆発するものがある。

解説

> この問題は，「無機過酸化物以外の第1類危険物は水と反応しない」ということを把握していれば解ける問題です。

　第1類危険物は，一般的に**大量の水**で注水消火することからもわかるように，**水とは反応しません**。ただし，**無機過酸化物**については，水と反応して発熱し，酸素を放出します。従って，(4)の「いずれも」が「第1類は全て水と反応する」という意味で使われているので，誤りです。

【問題2】

　第1類の危険物の性状について，次のうち誤っているものはどれか。

(1)　熱分解すると，酸素を放出し可燃物の燃焼を促進するおそれがある。

(2)　常温（20℃）の空気中に放置すると，酸化熱が蓄積し，発火，爆発のおそれがある。

(3)　加熱により発火するものがある。

(4)　可燃物や有機物に接触すると，発火，爆発することがある。

(5)　可燃物や金属粉等の異物が混入すると，衝撃や摩擦等により発火，爆発することがある。

解　答

　解答は次ページの下欄にあります。

[解説]
　第1類危険物に「空気中に放置するだけで発火する」という自然発火性の性状はありません。

【問題3】
　第1類の危険物に共通する性状について，次のうち正しいものはいくつあるか。
A　無色または白色の固体である。
B　比重が1より小さい物質である。
C　引火性物質である。
D　水によく溶ける物質である。
E　加熱，衝撃，摩擦等により酸素を放出する。
　(1)　1つ　　　(2)　2つ　　　(3)　3つ
　(4)　4つ　　　(5)　5つ

[解説]
A　第1類の危険物は，そのほとんどが**無色**または**白色**の物質ですが，P.73のまとめの(3)にあるように，**オレンジ系**のものや**赤色系**のものなどもあります。
B　比重は**1より大きい**物質です。
C　**第1類危険物**は，**不燃性**なので，引火性はありません。
D　**第1類危険物**は，一般的には**水に溶けやすい**物質ですが，**過酸化カルシウム**や**過酸化バリウム**などのように，水に溶けにくい物質もあります。
E　**第1類危険物**は，**酸素を含む**物質なので，加熱，衝撃，摩擦等により分解して**酸素を放出**します。
　従って，正しいのは，Eのみとなります。

【問題4】
　第1類の危険物の性状として，次のA～Eのうち正しいものはいくつあるか。
A　大部分は無色または白色の固体である。
B　いずれもエタノールによく溶ける。
C　いずれも酸素と窒素を含む化合物である。

[解　答]
【問題1】…(4)　　　　　　　　　　【問題2】…(2)

D　潮解性を有する物質である。

E　分子中に酸素を含有しているため，他から酸素を供給されなくても自己燃焼する。

　(1)　1つ　　　(2)　2つ　　　(3)　3つ

　(4)　4つ　　　(5)　5つ

解説

A　第1類危険物には，前問のAのように，無色や白色以外のものもありますが，そのほとんどが**無色**または**白色**の物質です。

B　第1類危険物には，**重クロム酸アンモニウム**や**三酸化クロム**などのように，エタノールに溶けるものもありますが，すべての**第1類危険物**が溶けるわけではありません。

C　第1類危険物は，いずれも**酸素**をその分子中に含みますが，窒素（N）については，含むものと含まないものもあります。

D　**塩素酸ナトリウム**や**過マンガン酸ナトリウム**など，潮解性を有する物質もありますが，すべてではありません（P.39の表の化学式参照）。

E　問題文は**第5類**の危険物の性状です。

　従って，正しいのはAの1つのみとなります。

【問題5】

第1類の危険物の性状について，次のうち誤っているものはどれか。

(1)　いずれも強酸化性である。

(2)　いずれも加熱，衝撃等により分解しやすい。

(3)　いずれも可燃物と混合したものは，特に発火，爆発の危険性が高い。

(4)　水と反応すると，分解して酸素と熱を発生する。

(5)　水に溶けるものが多い。

解説

　「水と反応すると，分解して酸素と熱を発生する。」……この文章は，第1類の危険物が「すべて」そうである，という表現の仕方なので，水と反応して分解し，酸素と熱を発生するのは，**過酸化カリウム**や**過酸化ナトリウム**などの無

解　答

【問題3】…(1)

機過酸化物だけであり，すべてではないので，誤りになります。

　これが，もし，「水と反応すると，分解して酸素と熱を発生する<u>ものもある。</u>」という具合に，第１類危険物にもこのような例外がある，という表現なら「正しい。」ということになります。

　この問題のように，日本語の微妙なニュアンスに注意しなければならない問題も出題されることがあるので，注意してください。

【問題６】

第１類の危険物と性状の組合わせで，次のうち正しいものはどれか。

	危険物	性状
(1)	過酸化カリウム	炭酸ナトリウムと反応して発熱する。
(2)	過マンガン酸カリウム	無色または白色の粉末である。
(3)	塩素酸カリウム	加熱すると分解して酸素を発生する。
(4)	過塩素酸ナトリウム	水には溶けない。
(5)	硝酸ナトリウム	潮解性はない。

解説

 この問題は，「**第１類危険物は，加熱すると分解して酸素を発生する**」というポイントを把握していれば解ける問題です。

(1)　炭酸ナトリウムは，粉末消火剤にも用いられている**炭酸水素塩類**に該当する物質なので，**第１類危険物**とは反応しません。

(2)　過マンガン酸カリウムは，**黒紫または赤紫色**の結晶です。

(3)　**第１類危険物**は，加熱すると分解して**酸素**を発生します。

(4)　過塩素酸ナトリウムは，過塩素酸アンモニウムと同じく，水溶性の危険物です。

(5)　硝酸ナトリウムは，他のナトリウム系の第１類危険物（**塩素酸ナトリウム，過塩素酸ナトリウム，硝酸ナトリウム，過マンガン酸ナトリウム**など）と同じく，潮解性があります。

解　答

【問題４】…(1)　　　　　　　　　【問題５】…(4)

〈**第1類に共通する貯蔵および取扱い法**〉（⇒重要ポイントは P.26）

【問題7】 🚃 **急行**★

　第1類の危険物の貯蔵，取扱いについて，次のうち誤っているものはどれか。

(1)　加熱，衝撃，摩擦等を与えないようにする。

(2)　直射日光を避け，換気のよい冷暗所に貯蔵する。

(3)　強酸類との接触を避ける。

(4)　アルカリ金属の過酸化物は，水との接触を避ける。

(5)　潮解した危険物は，おがくずに吸着させて回収する。

　解説

　この問題の「おがくず」はじめ，問題10のAの「じゅうたん」や流出した危険物を「ぼろ布」，「ウェス」で吸着したり，あるいは「板」で覆うなど，他の類でもこの種の引っかけが出題されていますが，いずれも「可燃物」である，ということに注意を払っていれば，ポイントは自ずと見えてくるはずです。

　さて，そのおがくずは**可燃物**であり，**第1類危険物**を可燃物と接触させると，加熱，衝撃，摩擦等により発火，爆発するおそれがあるので，(5)が誤りです。

【問題8】 🚃 **急行**★

　第1類の危険物の貯蔵または取扱いの方法について，火災予防上，一般的に重視しなくてもよいものは，次のうちどれか。

(1)　可燃物との接触を避ける。

(2)　加熱，衝撃または摩擦などを避ける。

(3)　換気のよい冷所で貯蔵する。

(4)　炭酸水素塩類との接触を避ける。

(5)　容器の破損，腐食に注意する。

　解説

　第1類危険物が接触を避けなければならないのは，**有機物**などの**可燃物**（⇒衝撃，摩擦等で発火）や**強酸**（⇒分解して爆発するおそれがある）であり，粉末消火剤にも用いられている炭酸水素塩類とは特にそのような必要性はありません（【問題6】の(1)参照）。

　解　答

【問題6】…(3)

【問題9】

第１類の危険物の貯蔵または取扱いについて，次のうち誤っているものはどれか。

(1)　一部に水と反応するものがあるので，湿気に注意して貯蔵する。

(2)　一般に，貯蔵する際は，換気のよい冷所を選び，分解を起こす条件がそろわないように注意をする。

(3)　単独でも爆発するものがあるので，むやみに加熱，衝撃を与えないように注意して取り扱う。

(4)　貯蔵，取扱いにあたっては，可燃物などの酸化されやすい物質と接触しないように注意する。

(5)　すべてのものは空気に触れると分解するため，貯蔵容器には必ず不活性ガスを封入しておく。

解説

空気に触れると分解する，とは，第３類危険物の**自然発火性物質**の性状です。

【問題10】

第１類危険物の貯蔵および取扱いについて，次のＡ～Ｅのうち適切でないものはいくつあるか。

Ａ　容器が落下しても衝撃が生じないよう，床に厚手のじゅうたんを敷いた。

Ｂ　分解を防ぐため，水で湿らせておいた。

Ｃ　金属やガラス製の容器を用い，ふたは容易に開かないよう密栓した。

Ｄ　照明器具や換気装置には，防爆構造でないものを設けた。

Ｅ　窒素との接触を避けて保存しなければならない。

　(1)　１つ　　　　(2)　２つ　　　　(3)　３つ

　(4)　４つ　　　　(5)　５つ

解説

Ａ　じゅうたんは**可燃物**なので，**第１類危険物**と接触すると，衝撃等により発火する危険性があります。

Ｂ　アルカリ金属の過酸化物は，水と反応して分解し，**酸素**を発生するので，

解　答

【問題７】…(5)　　　　　　　　　　【問題８】…(4)

不適切です。

C　正しい。

D　正しい。**第1類危険物**が発生するガスは，主に酸素であり，爆発性のものではないので，防爆構造でないものを設けても不適切ではありません。

E　誤り。窒素は不燃性ガスであり，特に接触を避けて保存する必要はありません。

　　従って，誤っているのは，A，B，Eの3つになります。

【問題11】

　第1類の危険物について，火災予防上一般的に避けなければならない組合わせは，次のA～Eのうちいくつあるか。

A　塩素酸カリウム………………水との接触

B　亜塩素酸ナトリウム…………強酸との接触

C　過酸化カリウム………………アルコールとの接触

D　硝酸アンモニウム……………加熱，衝撃，摩擦

E　重クロム酸アンモニウム……可燃物との混合

　　(1)　1つ　　　(2)　2つ　　　(3)　3つ

　　(4)　4つ　　　(5)　5つ

解説

A　避ける必要はない。アルカリ金属の無機過酸化物等を除いて，**第1類危険物**は原則として注水消火するので，水との接触は特に差し支えありません。

B　避けなければならない。「**第1類危険物の共通する貯蔵，取扱い方法**」より，**第1類危険物**は「**火気，衝撃，可燃物（有機物），強酸**」との接触を避けなければなりません。

C　避けなければならない。Bの解説より，**第1類危険物**は，アルコールなどの**可燃物**との接触を避ける必要があります。

D　避けなければならない。**第1類危険物**に中には，単独でも加熱，衝撃，摩擦等により分解して爆発する危険物があり，硝酸アンモニウムもそれに該当します。

E　避けなければならない（Cと同じ）。

解　答

【問題9】…(5)　　　　　　　　　　　　【問題10】…(3)

　従って，避けなければならない組合わせは，Ａ以外の４つになります。

〈第１類に共通する消火方法〉（⇒重要ポイントは P.26）

【問題12】 🚄特急★

　次の文の（　）内のＡ～Ｃに当てはまる語句の組み合わせとして，正しいものはどれか。

　「第１類の危険物に関する火災は，注水して消火するのが効果的である。それは，（Ａ）を（Ｂ）以下に冷却してその分解を抑え，かつ，可燃物の燃焼を抑えることができるからである。

　　ただし，水と反応して（Ｃ）し，酸素を発生するものもあるので，消火の際は注意が必要である。」

	Ａ	Ｂ	Ｃ
(1)	可燃物	分解温度	爆発
(2)	還元性物質	燃焼温度	吸熱
(3)	酸化性物質	発火点	爆発
(4)	還元性物質	引火点	発光
(5)	酸化性物質	分解温度	発熱

解説

　第１類や第６類の危険物は，**分解する**ことにより自身の酸素を出して相手の物質を酸化させる**酸化剤**であり，その分解を抑えれば酸素を放出できないので，可燃物の燃焼を抑えることができます。

　ただし，同じ**第１類危険物**でも，**アルカリ金属の過酸化物**（過酸化カリウムや過酸化ナトリウムなど）などは水と反応することにより発熱して酸素を放出するので（⇒燃焼をさらに激しくさせる危険性がある），**注水は厳禁**です。

【問題13】

　第１類の危険物（アルカリ金属およびアルカリ土類金属の過酸化物並びにこれを含有するものを除く）に関わる火災に共通する消火方法として次のＡ～Ｅによる組合せのうち，最も適切なものはどれか。

解　答

【問題11】…(4)

A　大量の水により消火する。
B　二酸化炭素消火剤により消火する。
C　ハロゲン化物消火剤により消火する。
D　粉末消火剤（炭酸水素塩類を使用するもの）により消火する。
E　乾燥砂により消火する。
　(1)　AとB　　　(2)　AとE　　　(3)　BとC
　(4)　BとD　　　(5)　CとD

【解説】

　第1類危険物は，注水厳禁であるアルカリ金属やアルカリ土類金属の過酸化物などを除いて，原則として**大量の水**により消火します。

　また，乾燥砂も**第1類危険物**には有効なので，A，Eが正解となります。ちなみに，この乾燥砂ですが，第1類から第6類まで，ほぼすべての危険物に有効な消火剤です。

【問題14】

　次のうちA～Eに掲げる危険物にかかわる火災の初期消火の方法で適切でないものの組合わせはどれか。

A　亜塩素酸ナトリウム…………大量の水で消火する。
B　過塩素酸カリウム……………粉末消火剤（リン酸塩類を含有するもの）で消火する。
C　臭素酸カリウム………………二酸化炭素消火剤で消火する。
D　硝酸アンモニウム……………強化液消火器（棒状）で消火する。
E　過酸化カリウム………………強化液消火器（噴霧状）で消火する。
　(1)　AとC　　　(2)　AとD　　　(3)　BとD
　(4)　BとE　　　(5)　CとE

【解説】

A　**第1類危険物**は原則，**大量の水**で消火します。
B　**第1類危険物**には，アルカリ金属やアルカリ土類金属の過酸化物などを除いてリン酸塩類を含有する粉末消火剤は有効です。

【解　答】

【問題12】…(5)

C　**第 1 類危険物**は，熱により分解して酸素を発生するので，窒息効果により消火する二酸化炭素消火剤やハロゲン化物消火剤は不適切です。

D　**第 1 類危険物**には，アルカリ金属やアルカリ土類金属の過酸化物などを除いて強化液消火器（棒状）は有効です。

E　過酸化カリウムなどのアルカリ金属に強化液消火器などの水系の消火剤は不適切です。

従って，適切でないものの組合わせは，CとEです。

【問題15】

第 1 類の危険物にかかわる火災に対しては，窒息効果が主体の消火方法では効果が少ないといわれているが，この理由として，最も適切なものは次のうちどれか。

(1)　燃焼温度が高いから。

(2)　燃焼速度が速いから。

(3)　危険物が分解して酸素を供給するから。

(4)　内部（自己）燃焼するから。

(5)　それ自体は不燃性であるから。

解説

前問のCより，**第 1 類危険物**は，熱により分解して**酸素**を発生するので，窒息効果により消火する，**二酸化炭素消火剤**や**ハロゲン化物消火剤**は不適切です。

【問題16】

次に掲げる危険物に関わる火災の消火方法について，次のうち誤っているものはどれか。

(1)　亜塩素酸ナトリウム…………霧状の水を放射する消火器で消火した。

(2)　過酸化ナトリウム…………炭酸水素塩類の粉末消火器で消火した。

(3)　過酸化カリウム………………強化液消火器で消火した。

(4)　臭素酸カリウム………………泡消火器で消火した。

(5)　硝酸アンモニウム……………リン酸塩類の粉末消火器で消火した。

解　答

【問題13】…(2)　　　　　　　　　　【問題14】…(5)

解説

 この問題は，**アルカリ金属等**の消火に関する次のポイントを知っていれば解ける問題です。

① **第1類危険物**は原則，**注水消火**（強化液や泡などの水系消火器含む）
　ただし，**アルカリ金属の過酸化物等**（**過酸化カリウム**や**過酸化ナトリウム**など）は，**注水厳禁**（注水には，強化液や泡などの水系消火器含む）
② **第1類危険物**に**リン酸塩類**の粉末消火剤は有効
　ただし，**アルカリ金属の過酸化物等**には**炭酸水素塩類**の粉末消火剤を用いる。

従って，(2)と(3)が**アルカリ金属の過酸化物**なのでこれに注目すると……

(2)　過酸化ナトリウムに炭酸水素塩類の粉末消火器は，②より適切。

(3)　過酸化カリウムに水系の強化液消火器は①より不適切です。

解　答

【問題15】…(3)　　　　　　　　　　　　　　【問題16】…(3)

第1類危険物の性質早見表

(注1：形状の「無」は無色、「白」は白色、(結)は結晶、(粉)は粉末、(橙)はオレンジ)
(注2：化学式や形状等については、一部、省略してあるものがあります。)
アルコール欄の○は溶ける、△は溶けにくい。—は省略 (注：文献によって数値は若干異なります。)

品名	物質名（○印は潮解性があるもの）	消火	形状	比重	水溶性	アルコール
①塩素酸塩類	塩素酸カリウム（$KClO_3$）		無白(結)	2.33	熱水溶	×
	○塩素酸ナトリウム（$NaClO_3$）		無(結)	2.50	○	○
	塩素酸アンモニウム（NH_4ClO_3）	水	無(結)	2.42	○	△
	塩素酸バリウム					×
	塩素酸カルシウム					—
②過塩素酸塩類	過塩素酸カリウム（$KClO_4$）		無(結)	2.52		×
	○過塩素酸ナトリウム（$NaClO_4$）	水	無(結)	2.03	○	○
	過塩素酸アンモニウム（NH_4ClO_4）		無(結)	1.95	○	○
③無機過酸化物	過酸化カリウム（K_2O_2）	初期に粉末（炭酸）	橙(粉)	2.0		—
	過酸化ナトリウム（Na_2O_2）	か乾燥砂	黄白(粉)	2.80	○	×
	過酸化カルシウム（CaO_2）	（注水厳禁）	無(粉)			×
	過酸化バリウム（BaO_2）		灰白(粉)			—
	過酸化マグネシウム（$Mg\,O_2$）		白(粉)			—
	（その他：過酸化リチウム、過酸化ルビジウム、過酸化セシウム、過酸化ストロンチウム）					
④亜塩素酸塩類	亜塩素酸カリウム					
	亜塩素酸ナトリウム（$NaClO_2$）	水	白(結)	2.50	○	—
	（その他：亜塩素酸銅、亜塩素酸鉛）					—

品　名	物　質　名 （○印は潮解性があるもの）	消火	形状	比重	水溶性	アルコール
⑤臭素酸塩類	臭素酸カリウム（KBrO₃）	水	無（結）	3.27	○	△
	臭素酸ナトリウム					×
	（その他：臭素酸バリウム、臭素酸マグネシウム）					
⑥硝酸塩類	硝酸カリウム（KNO₃）	水	無（結）	2.11	○	○
	○硝酸ナトリウム（NaNO₃）		無（結）	2.25	○	○
	○硝酸アンモニウム（NH₄NO₃）		白（結）	1.73	○	○
⑦ヨウ素酸塩類	ヨウ素酸カリウム（KIO₃）	水	白（結粉）	3.90	○	×
	ヨウ素酸ナトリウム（NaIO₃）		無（結）	4.30	○	×
	（その他：ヨウ素酸カルシウム、ヨウ素酸亜鉛）					
⑧過マンガン酸塩類	過マンガン酸カリウム（KMnO₄）	水	黒紫（結）	2.70	○	○
	（その他：過マンガン酸ナトリウム、過マンガン酸アンモニウム）					
⑨重クロム酸塩類	重クロム酸カリウム（K₂Cr₂O₇）	水	橙赤（結）	2.69	○	×
	重クロム酸アンモニウム（（NH₄）₂Cr₂O₇）		橙赤（結）	2.15	○	○
⑩その他のもので政令で定めるもの （9品名）	○三酸化クロム（CrO₃）	水	暗赤（結）	2.70	○	○
	二酸化鉛（PbO₂）		暗褐（粉）	9.38	×	×
	亜硝酸ナトリウム					—
	○次亜塩素酸カルシウム（Ca(ClO)₂・3H₂O） など		白（粉）		○	×

③ 第1類危険物に属する各物質の重要ポイント

注) 原則として，〈貯蔵，取扱い法〉と〈消火方法〉については，「第1
類に共通する貯蔵，取扱い法」，「共通する消火方法」と同じ部分は省略
してありますが，その物質特有の特徴があれば表示してあります。

〈第1類に共通する貯蔵，取扱い法〉
・火気，衝撃，可燃物（有機物），強酸との接触をさけ，密栓して冷所に
貯蔵する。
〈第1類に共通する消火方法〉
・大量の水で消火する（P.42の(3)無機過酸化物は除く）。

(1) 塩素酸塩類 （塩素酸（$HClO_4$）の H を金属などで置換した化合物）

● 塩素酸塩類に 〈共通する性状〉
・可燃物はもちろん，少量の強酸や硫黄，赤リンなどと混合した場合や，単
独でも，衝撃，摩擦または加熱によって爆発する危険性がある。

● 塩素酸塩類に 〈共通する貯蔵，取扱い法〉
⇒第1類に共通する貯蔵，取扱い法

● 塩素酸塩類に 〈共通する消火法〉
初期消火には，水系の消火器（泡消火器，強化液消火器）や粉末消火器（リ
ン酸塩類を使用するもの）も有効である。

① 塩素酸カリウム　急行
1）少量の濃硝酸などの強酸（強塩基ではない！）の添加によって爆発す
る。
2）酸性溶液中では，強い酸化作用を有する。
3）アンモニア（または塩化アンモニウム）との反応生成物は自然爆発す
ることがある。

　　4）アルコールには溶けない。

② 塩素酸ナトリウム

　・ アルコールに溶ける。

③ 塩素酸アンモニウム　　　急 行

　　1）高温で爆発するおそれがある。

　　2）アルコールには溶けにくい。

（2）過塩素酸塩類 （過塩素酸（$HClO_4$）のHを金属などで置換した化合物）⇒第6類の過塩素酸と間違わないように！

過塩素酸塩類に共通する性状などは塩素酸塩類に同じ。

① 過塩素酸カリウム　　　：塩素酸カリウムと同じ。

② 過塩素酸ナトリウム　　：塩素酸ナトリウムと同じ。

③ 過塩素酸アンモニウム：燃焼時に有毒ガスを発生する。

（3）無機過酸化物 （過酸化物イオン$O_2{}^{2-}$に金属原子が結合した無機化合物）

● 無機過酸化物に〈共通する性状〉

① アルカリ金属の無機過酸化物は水と作用して発熱し，分解して酸素を発生する。

② アルカリ土類金属の無機過酸化物は，加熱により分解して酸素を発生する。

● 無機過酸化物に〈共通する貯蔵，取扱い法〉

　・水との接触を避けて貯蔵する。

● 無機過酸化物に〈共通する消火法〉

① アルカリ金属，アルカリ土類金属に注水は厳禁。

② 初期の段階で，炭酸水素塩類の粉末消火器や乾燥砂などを用い，中期以降は大量の水を危険物ではなく，隣接する可燃物の方に注水し，延焼を防ぐ。

① 過酸化カリウム

　　1）オレンジ色の粉末

　　2）水と反応して発熱し，酸素と水酸化カリウムを発生する。

　　3）**吸湿性**が強く，**潮解性**がある。
②　**過 酸 化 ナ ト リ ウ ム**　🐧 *急 行* ⭐
　　1）**黄白色**の粉末
　　2）**吸湿性**が強い。
③　**過 酸 化 カ ル シ ウ ム**
　・エタノール，エーテルには溶けないが，**酸**には溶ける。

（4）**亜塩素酸塩類**

　亜塩素酸（$HClO_2$）のHを金属などで置換した化合物。
①　亜塩素酸ナトリウム
　　1）**直射日光**や**紫外線**で徐々に分解する。
　　2）**吸湿性**がある。

（5）**臭素酸塩類**

　臭素酸（$HBrO_3$）のHを金属などで置換した化合物。
①　臭素酸カリウム：アルコールには溶けにくい。

（6）**硝酸塩類**

　硝酸（HNO_3）のHを金属などで置換した化合物
①　硝酸カリウム：**黒色火薬**の原料である。
②　硝酸アンモニウム（別名：硝安）　🐧 *特 急* ⭐⭐
　　1）**吸湿性**，**潮解性**がある。
　　2）単独でも**急激な加熱**や衝撃により分解し**爆発する**ことがある。
　　3）水に溶ける際，激しく**吸熱**する。
　　4）エタノールに溶ける。

（7）**ヨウ素酸塩類**

　ヨウ素酸（HIO_3）のHを金属などで置換した化合物。
①　ヨウ素酸カリウム　　：エタノールには**溶けない**。
②　ヨウ素酸ナトリウム：エタノールには**溶けない**。

（8）過マンガン酸塩類

過マンガン酸（$HMnO_4$）のHを金属などで置換した化合物。

① 過マンガン酸カリウム 　急行★

  1）黒紫または赤紫色の結晶。

  2）硫酸を加えると爆発する。

  3）過酸化水素と混合すると，本来は酸化剤である過酸化水素が還元剤として働く（⇒過酸化水素より過マンガン酸カリウムの方が酸化力が強いため）。

（9）重クロム酸塩類

重クロム酸（$H_2Cr_2O_7$）のHを金属などで置換した化合物。

① 重クロム酸アンモニウム 　急行★

  1）エタノールによく溶ける。

  2）加熱すると，窒素を発生する。

（10）その他のもので政令で定めるもの

① 三酸化クロム 　特急★★

  1）暗赤色の針状結晶。

  2）アルコール，エーテルに溶ける。

  3）アルコール，エーテル，アセトンなどと接触すると，爆発的に発火する（下線部⇒徐々にではない！）。

  4）酸化性が強く，非常に毒性が強く，皮膚をおかす。

  5）潮解性がある。

② 二酸化鉛 　急行★

  1）暗褐色の粉末できわめて毒性が強い。

  2）エタノールには溶けない。

  3）日光が当たると，分解して酸素を発生する。

  4）電気の良導体である。

③ 次亜塩素酸カルシウム

  1）吸湿性がある。

  2）水と反応して塩化水素を発生する。

3）空気中では，次亜塩素酸を遊離するので，強い**塩素臭**がある。

4）**光**や**熱**により急激に分解し，**酸素**を発生する。

5）**高度さらし粉**は**次亜塩素酸カルシウムを主成分とする酸化性物質**で，可燃物との混合により発火や爆発する危険性がある。

第1類危険物に属する各物質の問題

〈塩素酸塩類〉（⇒重要ポイントは P.41）

【問題1】　　急行★

塩素酸カリウムの一般的性状について，次のうち正しいものはどれか。

(1)　灰黒色の粉末または結晶である。

(2)　加熱すると，約400℃で分解し，さらに加熱すると塩素を発生する。

(3)　水より重く，冷水にほとんど溶けないが，熱水には溶ける。

(4)　エタノールやアセトン等有機溶媒にはよく溶ける。

(5)　潮解性があり，容器の密栓，密封には特に注意する。

解説

(1)　**無色**の結晶又は**白色**の粉末です。

(2)　加熱すると，約400℃で分解しますが，さらに加熱すると，他の**第1類危険物**と同じく，**酸素**を発生します（塩化カリウムと酸素になる）。

(4)　エタノールなどのアルコールには溶けにくい物質です。

(5)　塩素酸カリウムに潮解性はありません（塩素酸ナトリウムにはある）。

【問題2】

塩素酸カリウムの性状について，次のうち誤っているものはいくつあるか。

A　アルカリ性液体にはよく溶ける。

B　酸性溶液中では，酸化作用は抑制される。

C　長期間保存したものや，日光にさらされたものは亜塩素酸カリウムを含むことがある。

D　常温（20℃）において，単独の状態では摩擦，衝撃に対して安定である。

E　少量の濃硝酸の添加によって爆発する。

　　(1)　1つ　　　(2)　2つ　　　(3)　3つ

　　(4)　4つ　　　(5)　5つ

解　答

解答は次ページの下欄にあります。

解説

A　従って，「水酸化カリウム水溶液（⇒アルカリ性）の添加によって爆発する。」という出題があれば，×となります。

B　塩素酸カリウムは，酸性溶液中では**酸化剤**として働きます。

C　その通り。

D　塩素酸カリウムは，単独でも，加熱，衝撃，摩擦等によって爆発する危険性があります。

E　濃硝酸は**強酸**なので，少量でも添加すると爆発する危険性があります。

　従って，誤っているのは，B，Dの2つになります。

【問題3】

　塩素酸カリウムと過塩素酸カリウムの性状等について，次のうちA～Eのうち正しいものはいくつあるか。

A　いずれも常温（20℃）では，だいだい色の粉末である。

B　いずれも漂白剤としてよく使用されている。

C　急激に加熱すると，いずれも爆発する危険性がある。

D　塩素酸カリウムは赤リンとともにマッチの原料になる。

E　1 mol 中に存在する塩素の量は，過塩素酸カリウムの方が多い。

　(1)　1つ　　　(2)　2つ　　　(3)　3つ

　(4)　4つ　　　(5)　5つ

解説

A　塩素酸カリウム，過塩素酸カリウムとも<u>無色</u>の結晶又は<u>白色</u>の粉末です。

B　なお，**漂白剤**のほか，両者とも**花火やマッチ**等の原料にもなっています。

C　塩素酸塩類，過塩素酸塩類は，単独でも，**衝撃，摩擦**または**加熱**によって**爆発**する危険性があります。

D　Bの解説参照。

E　塩素酸カリウムの化学式は $KClO_3$，過塩素酸カリウムは $KClO_4$ なので，1 mol 中に存在する塩素（Cl）の量は同じです。

　従って，正しいのは，B，C，Dの3つになります。

解　答

【問題1】…(3)

【問題4】

塩素酸カリウムの貯蔵または取扱いについて，次のうち誤っているものはどれか。

(1) 冷所に保管する。
(2) 有機物との接触を避ける。
(3) 摩擦や衝撃を避ける。
(4) 容器は密封する。
(5) 安定剤として塩化アンモニウムを加える。

解説

塩素酸カリウムは，**有機物**のほか，アンモニウム塩（**塩化アンモニウム**や硝酸アンモニウムなど）などと混ぜると衝撃や摩擦によっても爆発するおそれがあります。

【問題5】

塩素酸カリウムや塩素酸ナトリウムなどの塩素酸塩類に関わる火災の初期消火の方法について，次のA～Eのうち適切でないものの組合わせはどれか。

A　水で消火する。
B　強化液消火剤で消火する。
C　泡消火剤で消火する。
D　二酸化炭素消火剤で消火する。
E　ハロゲン化物消火剤で消火する。

(1) A，B　　　　(2) A，C，D　　　(3) A，C，E
(4) B，C，E　　(5) D，E

解　答

【問題2】…(2)　　　　　　　　　　【問題3】…(3)

解説

　この問題は，「**第1類危険物に二酸化炭素消火剤，ハロゲン化物消
火剤は適応しない**」というポイントを把握していれば解ける問題
です。

　塩素酸塩類，過塩素酸塩類の初期消火については，水系の消火器（**泡消火器**，
強化液消火器）や**粉末消火器**（リン酸塩類を使用するもの）が有効です。
　また，Dの二酸化炭素消火剤やEのハロゲン化物消火剤は，酸素濃度を低下
させる**窒息効果**で消火するので，**第1類危険物**に放射しても自身の分子中に酸
素を含んでいるので，有効な消火効果が得られず不適当です。

【問題6】
　塩素酸ナトリウムの性状について，次のうち誤っているものはどれか。
(1)　無色又は白色の結晶である。
(2)　潮解性がある。
(3)　水には溶けるが，アルコールには溶けない。
(4)　比重は1より大きい。
(5)　強酸を加えると，爆発するおそれがある。

解説

　塩素酸ナトリウムは，水にはきわめて溶けやすく，また，アルコールにも溶
けます。

【問題7】
　塩素酸アンモニウムの性状について，次のA～Eのうち適切でないものはい
くつあるか。
A　無色の結晶である。
B　水やアルコールによく溶ける。
C　常温（20℃）では安定している。
D　高温にすると爆発するおそれがある。
E　消火の際は，塩素酸カリウムや塩素酸ナトリウムと同様の方法を取ればよ

解　答
【問題4】…(5)　　　　　　　　　　【問題5】…(5)

い。

(1)　1つ　　　(2)　2つ　　　(3)　3つ

(4)　4つ　　　(5)　5つ

解説

A　塩素酸アンモニウムは，無色の結晶です。

B　前問の塩素酸ナトリウムは，水やアルコールによく溶けますが，この塩素酸アンモニウムに関しては，水には溶けますが，アルコールには溶けにくいという性状があります。

C　常温でも，衝撃等により**爆発する**おそれがあります。

D　塩素酸アンモニウムを**高温**にすると**爆発する**おそれがあります。

E　塩素酸カリウムや塩素酸ナトリウムと同じく，**水または水系の消火器（泡消火器，強化液消火器）**や**粉末（リン酸塩類）消火器**などで消火します。

従って，適切でないものは，B，Cの2つになります。

〈過塩素酸塩類〉（⇒重要ポイントは P.42）

【問題8】😊イマヒトツ…

過塩素酸カリウムの性状について，次のうち**誤っているもの**はどれか。

(1)　無色または白色粉末の結晶である。

(2)　潮解性はない。

(3)　水によく溶ける。

(4)　常温（20℃）では，塩素酸カリウムよりは安定している。

(5)　塩素酸カリウムと同様の方法で消火が可能である。

解説

過塩素酸カリウムは，塩素酸カリウムと同様，水（冷水）には溶けにくい性質です。

【問題9】

過塩素酸アンモニウムの性状について，次のうち**誤っているもの**はどれか。

(1)　無色又は白色の結晶である。

解　答

【問題6】…(3)

(2)　水，エタノールに溶ける。

(3)　摩擦や衝撃のほか，高温でも爆発するおそれがある。

(4)　水よりも重い。

(5)　100℃で容易に融解する。

|解説|

　過塩素酸アンモニウムは，他のアンモニウム塩（アンモニアと酸による化合物のこと）と同じく，融解（熱によって固体が溶けて液体になること）する前に分解してしまいます。

〈無機過酸化物〉（⇒重要ポイントは P.42）
【問題10】
　無機過酸化物の性状について，次のA～Eのうち，正しいものはいくつあるか。

A　無機過酸化物は，それ自体燃焼することはない。

B　アルカリ金属の無機過酸化物は，水と作用して発熱し，分解して水素を発生する。

C　過酸化マグネシウムが有機物と混合すると，非常に爆発しやすくなる。

D　過酸化カリウムが水と反応して生じる液体は，強い酸性を示す。

E　過酸化ナトリウムは，約100℃で分解して水素を発生する。

　(1)　1つ　　　(2)　2つ　　　(3)　3つ
　(4)　4つ　　　(5)　5つ

|解説|

A　第1類危険物は，不燃性の固体です。

B　アルカリ金属の無機過酸化物が水と作用した際に発生するのは**酸素**です。

C　過酸化カリウムや過酸化ナトリウムなどと同様，過酸化マグネシウムが有機物と混合すると，非常に爆発しやすくなります。

D　過酸化カリウム（K_2O_2）が水と反応すると，水酸化カリウム（KOH）と酸素を発生します。水酸化カリウム水溶液は**強アルカリ性**です。

E　第1類危険物が分解すると，**酸素**を発生します。

| 解　答 |

【問題7】…(2)　　　　　　　　　【問題8】…(3)

従って，正しいのは，A，Cの2つになります。

【問題11】
無機過酸化物の性状等について，次のうち誤っているものはどれか。
(1) 過酸化カリウムには，潮解性はない。
(2) 過酸化ナトリウムには，吸湿性がある。
(3) 過酸化マグネシウムは，加熱すると分解して酸素を発生し，酸化マグネシウムとなる。
(4) 過酸化カルシウムは，酸に溶けて過酸化水素を発生する。
(5) 過酸化バリウムは，水に溶けにくい。

解説

過酸化カリウムには，潮解性があります。

【問題12】
過酸化カリウムの性状について，次のうち誤っているものはどれか。
(1) 酸化性で，無色の結晶である。
(2) 潮解性がある。
(3) 加熱すると分解して，酸素を発生する。
(4) 空気中の湿気や水と接触すると，酸素を発生する。
(5) アンモニウム塩と接触すると，アンモニアを発生する。

解説

過酸化カリウムは，無色ではなく橙 色（オレンジ色）の粉末です。
第1類危険物では，無色または白色以外のものも重要ポイントです。

【問題13】　急行★
過酸化カリウムの貯蔵，取扱いについて，次のA〜Eのうち誤っているものはいくつあるか。
A　加熱，衝撃を避ける。
B　有機物や強酸との接触を避ける。

解　答

【問題9】…(5)　　　　　　　　　【問題10】…(2)

C　異物が混入しないようにして貯蔵する。

D　乾燥状態で保管する。

E　ガス抜き口を設けた容器に収めて貯蔵する。

　(1)　1つ　　　(2)　2つ　　　(3)　3つ

　(4)　4つ　　　(5)　5つ

解説

A，B　**第 1 類危険物**に共通の性状です。

C　その通り。

D　無機過酸化物は水と反応して酸素を発生するので，乾燥状態で保管します。

E　ガス抜き口を設けた容器に収めて貯蔵するのは，第 5 類の**エチルメチルケ**
　トンパーオキサイドと第 6 類の**過酸化水素**です。

　従って，誤っているのは，Eの 1 つのみとなります。

【問題14】

　過酸化ナトリウムの**性状**について，次のA〜Eのうち適切でないものはいく
つあるか。

A　純粋なものは白色であるが，一般的には淡黄色の粉末である。

B　加熱により，白金容器をおかす。

C　酸との混合により，分解が抑制される。

D　常温（20℃）で水と激しく反応し，酸素と水酸化ナトリウムを発生する。

E　消火方法としては，大量注水を行う。

　(1)　1つ　　　(2)　2つ　　　(3)　3つ

　(4)　4つ　　　(5)　5つ

解説

A，B　問題文の通り。

C　酸性水溶液中では，分解が進み過酸化水素を発生します。

D　その通り。

E　無機過酸化物に大量注水は厳禁です。

　従って，適切でないものは，C，Eの 2 つになります。

解　答

【問題11】…(1)　　　　　　　　　【問題12】…(1)

【問題15】　特急 ★☆

過酸化ナトリウムの貯蔵，取扱いに関する次のA～Eについて，正誤の組み合わせとして，正しいものはどれか。

A　麻袋や紙袋で貯蔵する。
B　直射日光を避け，乾燥した冷所で貯蔵する。
C　ガス抜き口を設けた容器に貯蔵する。
D　乾燥状態で保管する。
E　有機物との接触を避ける。

	A	B	C	D	E
(1)	×	○	×	○	○
(2)	○	×	×	○	○
(3)	×	○	○	×	×
(4)	×	○	×	×	×
(5)	○	×	○	×	×

注：表中の○は正，×は誤を表するものとする。

解説

A　無機過酸化物は，麻袋や紙袋などの**可燃物**とは接触を避けて貯蔵する必要があり，また，麻袋や紙袋などでは水分の侵入を防げないので，「**水分と反応して発熱する**」という性質のある過酸化ナトリウムや過酸化カリウムの貯蔵方法としては不適切です。

　なお，第2類危険物を受ける方の参考までに，この「麻袋や紙袋」が出てくるのは，第2類危険物の**硫黄**で，塊状（かいじょう）の硫黄は麻袋や紙袋に，また，粉状のものは二層以上のクラフト紙の袋や麻袋などに入れて貯蔵することができる，となっています（「粉状のものは袋に入れて貯蔵できない」は×）。

B　その通り。

C　**密栓**した容器で貯蔵します（ガス抜き口を設けた容器に収めて貯蔵するのは，第5類の**エチルメチルケトンパーオキサイド**と第6類の**過酸化水素**です）。

解　答

【問題13】…(1)　　　　　　　　　　【問題14】…(2)

D　無機過酸化物は水と反応して**酸素**を発生するので，**乾燥状態**で保管します。

E　Aより，有機物などの可燃物との接触を避けて貯蔵します。

（×はA，Cのみ）

【問題16】

　過酸化ナトリウムにかかわる火災の消火方法として，次のうち最も適切なものはどれか。

(1)　消火粉末を放射する消火器で消火する。

(2)　棒状の水を放射する消火器で消火する。

(3)　霧状の水を放射する消火器で消火する。

(4)　泡を放射する消火器で消火する。

(5)　乾燥砂で消火する。

解説

　この問題は，「乾燥砂はほとんどの危険物の消火に適応する」ということを把握していれば解ける問題です。

　アルカリ金属（カリウム，ナトリウムなど）の無機過酸化物は，**水と反応して発熱し，酸素を発生する**ので，水系の消火剤は厳禁です。

　従って，(2)(3)(4)は×。

　また，消火粉末も，炭酸水素塩類の場合は，初期の段階では効果が期待できますが，リン酸塩類の消火粉末は適合しないので，×。

　よって，**第1類危険物**すべてに適合する(5)の乾燥砂が正解です。

【問題17】

　過酸化バリウムの性状について，次のうちA～Eのうち正しいものはいくつあるか。

A　黒紫色の結晶性粉末である。

B　酸と接触すると，酸素を発生し分解する。

C　冷水によく溶ける。

D　アルカリ土類金属の過酸化物であり，その中で最も安定している。

解　答

【問題15】…(1)

E　漂白剤に使用される。

(1)　1つ　　　(2)　2つ　　　(3)　3つ

(4)　4つ　　　(5)　5つ

解説

A　白色または灰白色の粉末です。

B　その通り。

C　ほとんどの第1類は，水（冷水）に溶けやすい性質ですが，この過酸化バリウムは水に溶けにくいという性質があります。

D，E　その通り。

　従って，正しいのは，B，D，Eの3つになります。

〈亜塩素酸塩類〉（⇒重要ポイントはP.43）

【問題18】　急行

　亜塩素酸ナトリウムの性状について，次のうち誤っているものはどれか。

(1)　わずかに潮解性を有する白色の結晶または結晶性の粉末である。

(2)　自然に放置した状態でも分解して少量の二酸化炭素を発生するため，特有な刺激臭がある。

(3)　水に溶けない。

(4)　加熱により分解し，酸素を発生する。

(5)　酸（有機酸，無機酸）と混合すると爆発性の有毒ガスを発生する。

解説

　この問題は，「ほとんどの第1類危険物は，水に溶けやすい。」ということを把握していれば，解答が予想できる問題です。

　大部分の第1類危険物同様，亜塩素酸ナトリウムも水に溶けやすい物質です。

解　答

【問題16】…(5)

【問題19】

　　亜塩素酸ナトリウムの性状について，次のうち誤っているものはどれか。

(1)　直射日光や紫外線で徐々に分解する。

(2)　摩擦，衝撃等により爆発することがある。

(3)　鉄，銅，銅合金その他ほとんどの金属を腐食する。

(4)　加熱すると，分解して塩素酸ナトリウムと塩化ナトリウムになり，さらに加熱すると酸素を放出する。

(5)　塩酸，硫酸等の無機酸と接触すると激しく反応するが，シュウ酸，クエン酸等の有機酸とは反応しない。

解説

　　前問の(5)にあるように，亜塩素酸ナトリウムは，**有機酸，無機酸**とも反応し，有毒なガスを発生します。

【問題20】

　　亜塩素酸ナトリウムの貯蔵および取扱いについて，次のうち適切でないものはどれか。

(1)　有機物の混入や接触を避ける。

(2)　金属粉と混合すると，爆発の危険性が高くなるので混入を避ける。

(3)　取り扱い中に有毒ガスを発生するおそれがあるので，頻繁に換気を行う。

(4)　直射日光を避け，冷暗所に貯蔵する。

(5)　安定剤として酸を加え，分解を抑制して貯蔵する。

解説

　　問題18の(5)より，**酸（有機酸，無機酸）**と混合すると爆発性の有毒ガスを発生するので，(5)の「酸を加え」が不適切です。

解　答

【問題17】…(3)　　　　　　　　　　　　【問題18】…(3)

【問題21】

　亜塩素酸ナトリウムにかかわる火災の消火方法について，次のA〜Eのうち誤っているものはいくつあるか。

A　二酸化炭素消火剤による消火は有効である。

B　泡消火剤による消火は有効である。

C　ハロゲン化物消火剤による消火は有効である。

D　水による消火は有効である。

E　強化液消火剤による消火は有効である。

　　(1)　1つ　　　(2)　2つ　　　(3)　3つ

　　(4)　4つ　　　(5)　5つ

解説

　この問題は，「第1類危険物に二酸化炭素消火剤，ハロゲン化物消火剤は適応しない。」ということを把握していれば解ける問題です。

　第1類危険物は，過酸化カリウムや過酸化ナトリウムなどの無機過酸化物を除いて，水または水系の消火剤（B，D，E）が有効です。

　従って，A，Cの2つが不適切となります。

〈臭素酸塩類〉（⇒重要ポイントはP.43）

【問題22】

　臭素酸カリウムの性状について，次のうち誤っているものはどれか。

(1)　無色，無臭の結晶性粉末である。

(2)　冷水にはわずかしか溶けないが，温水にはよく溶ける。

(3)　水に溶かすと酸化作用はなくなる。

(4)　高温に熱すると酸素と臭化カリウムに分解する。

(5)　酸と接触すると分解し酸素を発生する。

解説

　臭素酸カリウムを水に溶かした水溶液は，強い酸化性を示すので，酸化作用はなくなりません。

解　答

【問題19】…(5)　　　　　　　　　　【問題20】…(5)

〈**硝酸塩類**〉（⇒重要ポイントは P.43）

【問題23】

　硝酸カリウムと硝酸ナトリウムに関する次の記述のうち，誤っているものは
いくつあるか。

A　硝酸カリウム，硝酸ナトリウムともに無色の結晶である。

B　硝酸カリウム，硝酸ナトリウムともに潮解性がある。

C　硝酸カリウム，硝酸ナトリウムともに水には溶けにくい。

D　硝酸カリウム，硝酸ナトリウムともに比重は 1 より大きい。

E　硝酸カリウム，硝酸ナトリウムともに黒色火薬の原料となる。

　(1)　1 つ　　　(2)　2 つ　　　(3)　3 つ

　(4)　4 つ　　　(5)　5 つ

解説

A　両方とも無色の結晶です。

B　潮解性は，硝酸ナトリウムの方にあります。

C　硝酸カリウム，硝酸ナトリウムともに水にはよく溶けます。

D　**第 1 類危険物**は，**水より重い**物質です。

E　黒色火薬の原料となるのは，**硝酸カリウム**の方で，硝酸カリウムに硫黄と
　木炭を混ぜた最も古い火薬です。

　従って，誤っているのは，B，C，Eの 3 つになります。

【問題24】　特急★★

　硝酸アンモニウムの性状について，次のうち誤っているものはどれか。

(1)　白色または無色の結晶である。

(2)　別名を硝安といい，窒素肥料等に用いられる。

(3)　潮解性を有しない。

(4)　エタノールに溶ける。

(5)　皮膚に触れると，薬傷を起こす。

解説

　硝酸アンモニウムには，硝酸ナトリウムなどと同様，潮解性があります。

解　答

【問題21】…(2)　　　　　　　　　　　【問題22】…(3)

【問題25】 🚄特急★★

硝酸アンモニウムの性状について，次のうち誤っているものはどれか。

(1)　水によく溶け，溶けるとき熱を発生する。

(2)　強い酸化性を示す。

(3)　常温（20℃）では安定であるが，加熱すると分解する。

(4)　木片，紙くずなどが混入すると，加熱により発火し，激しく燃える。

(5)　通常は，乾燥状態では腐食性はないが，吸湿しやすく，吸湿により腐食性を示す。

解説

　硝酸アンモニウムは水溶性ですが，水に溶ける際は発熱ではなく，<u>吸熱</u>します。

【問題26】

硝酸アンモニウムの性状について，次のうち誤っているものはどれか。

(1)　吸湿性があり，刺激臭などはなく，無臭の結晶である。

(2)　アルカリ性の物質と反応して，アンモニアを放出する。

(3)　金属粉と混合したものは，加熱により発火，爆発の危険がある。

(4)　単独の状態では，衝撃，摩擦などを与えても，爆発する危険性はない。

(5)　加熱すると，一酸化二窒素（亜酸化窒素）と水に分解する。

解説

　硝酸アンモニウムは，単独でも急激に高温に熱せられると分解し，爆発することがあります。

【問題27】 🚄特急★★

硝酸アンモニウムの貯蔵，取扱いに関する次のA〜Dの正誤の組み合わせとして正しいものはどれか。

A　アルカリ性の乾燥剤を入れて貯蔵した。

B　水分との接触を断つため，灯油中に貯蔵した。

C　湿ってきたので急激に加熱し，乾燥させた。

解　答

【問題23】…(3)　　　　　　　　　　【問題24】…(3)

D　防水性のある多層紙袋に入れて貯蔵した。

	A	B	C	D
(1)	×	○	○	×
(2)	○	○	×	×
(3)	○	×	×	×
(4)	×	×	○	○
(5)	×	×	×	○

注：表中の○は正，×は誤を表するものとする。

【解説】

A　アルカリとは反応して有毒なアンモニアを発生するので，不適切です。

B　灯油などの有機物または可燃物との接触を避けて貯蔵する必要があります。

C　前問の(4)より，急激な加熱により分解し，爆発することがあります。

D　硝酸アンモニアは，一般的に防水性のある多層紙袋に入れて流通しています。

　従って，D以外が×になります。

〈よう素酸塩類〉（⇒重要ポイントは P.43）

【問題28】

　ヨウ素酸カリウムの性状について，次のうち誤っている組合せはどれか。

A　赤褐色の結晶である。

B　可燃物と混合し加熱すると，爆発することがある。

C　融点（約560℃）で分解を伴って溶ける。

D　水やエタノールによく溶ける。

E　水溶液はバリウムイオンと反応し，難溶性の沈殿物をつくる。

　(1)　AとB　　　(2)　AとD　　　(3)　BとC

　(4)　BとD　　　(5)　CとD

解　答

【問題25】…(1)　　　　　　　　　　　【問題26】…(4)

解説

A　**無色**または**白色**の結晶です。

B　**可燃物**や**有機物**と混合し加熱すると，爆発することがあります。

C　正しい。

D　水には溶けますが，エタノールには溶けません。

E　正しい。なお，このEの問題ですが，ヨウ素酸カリウムについて，ここまで深く覚える必要はないでしょう。この問題は，あくまでも，ヨウ素酸カリウムの結晶の色である「**無色または白色**」と「**水には溶けるが，エタノールには溶けない**」「**可燃物（有機物）**と混合し加熱すると，**爆発する**ことがある」のポイントを理解していれば解ける問題であり，このEは，あくまでも"飾り的"に加えられている問題だと考えればよいでしょう。

【問題29】

ヨウ素酸ナトリウムの性状について，次のA～Dのうち，正誤の組合せとして正しいものはどれか。

A　無色（白色）の結晶または粉末である。

B　エタノールによく溶ける。

C　水溶液は強酸化剤として作用する。

D　可燃物と混合すると，加熱や衝撃等によって爆発する危険性がある。

	A	B	C	D
(1)	○	×	○	○
(2)	○	×	×	○
(3)	×	○	×	○
(4)	×	○	○	○
(5)	×	×	○	×

注：表中の○は正，×は誤を表すものとする。

解説

A　ヨウ素酸ナトリウムは，無色（白色）の結晶または粉末です。

解　答

【問題27】…(5)

B　ヨウ素酸ナトリウムは，水には溶けますが，エタノールには溶けません。

C，D　その通り。

（B以外すべて○）

【問題30】

次の文（　）内のA～Cに当てはまる語句の組合わせとして，正しいものはどれか。

「ヨウ素酸ナトリウムは，比重が１より（A），無色（白色）の結晶または粉末であり，水に（B）である。また，加熱により分解して（C）が発生する。」

	A	B	C
(1)	大きく	不溶	水素
(2)	小さく	可溶	酸素
(3)	大きく	可溶	酸素
(4)	小さく	可溶	水素
(5)	大きく	不溶	酸素

|解説|

第１類危険物の比重は１より大きく，また，ほとんどが水溶性で，他の第１類危険物同様，加熱により分解して酸素を発生します。

〈過マンガン酸塩類〉（⇒重要ポイントはP.44）

【問題31】　特急　★

過マンガン酸カリウムの性状について，次のうち誤っているものはどれか。

(1)　無色の結晶である。

(2)　水に溶ける。

(3)　硫酸を加えると爆発することがある。

(4)　有機物を混合すると加熱，衝撃により発火または爆発することがある。

(5)　日光の照射によって分解するので，遮光のため，ガラス容器の場合は着色ビンを使用する。

|解　答|

【問題28】…(2)　　　　　　　　　【問題29】…(1)

解説

　過マンガン酸カリウムは，**黒紫色**または**赤紫色**の光沢のある結晶です。

【問題32】　〜急行★

　過マンガン酸カリウムの性状について，次のうち誤っているものはどれか。

(1)　濃硫酸と接触すると，爆発する危険性がある。

(2)　水に溶けて濃紫色を呈する。

(3)　約100℃で分解して酸素を放出する。

(4)　火災時に刺激性または有毒なヒュームを放出する。

(5)　可燃物と混合したものは，加熱，衝撃等により爆発しやすい。

(6)　日光により，分解が進む。

解説

　過マンガン酸カリウムを熱すると酸素を放出しますが，その温度は約200℃です。

【問題33】　〜特急★★

　過マンガン酸カリウムの性状について，次のうち誤っているものはどれか。

(1)　常温(20℃)では安定であるが，加熱すると分解し，マンガン酸カリウム，酸化マンガン（Ⅳ），酸素を発生する。

(2)　可燃性物質や還元剤と接触すると，発火，爆発のおそれがある。

(3)　アルミニウム粉末，マグネシウム粉末と激しく反応し，発火，爆発のおそれがある。

(4)　水，エタノール，アセトン，氷酢酸に可溶である。

(5)　塩酸と反応して激しく酸素を発生する。

解説

　過マンガン酸カリウムは，**塩酸**と反応して**塩素**，水酸化カリウムなどの**アルカリ**と反応して**酸素**を発生します。

解　答

【問題30】…(3)　　　　　【問題31】…(1)

【問題34】イマヒトツ…

過マンガン酸カリウムに関する，次の文中の下線部について，誤っているものはどれか。

「過マンガン酸カリウムの水溶液はA赤紫色を呈しているが，過酸化水素溶液を加えると，徐々に色がB濃くなっていく。これは，過酸化水素の酸化力の方がC弱いからである。」

(1)　A　　　　(2)　B　　　　(3)　C

(4)　A，B　　(5)　A，C

解説

正しくは，次のようになります（太字が誤っている部分）。

「過マンガン酸カリウムの水溶液はA赤紫色を呈しているが，過酸化水素溶液を加えると，徐々に色が**B薄く**なっていく。これは，過酸化水素の酸化力の方がC弱いからである。」

これは，過酸化水素も酸化剤ですが，過マンガン酸カリウムの方が酸化力が強いので，過酸化水素が**還元剤**として働いた結果です。

〈**重クロム酸塩類**〉（⇒重要ポイントは P.44）

【問題35】急行

重クロム酸カリウム（二クロム酸カリウム）の性状について，次のうち誤っているものはどれか。

(1)　橙赤色の結晶である。

(2)　苦味があり有毒である。

(3)　アルコールには溶けやすい。

(4)　腐食性がある。

(5)　強熱すると酸素を発生する。

解説

重クロム酸カリウムは，エタノールなどのアルコールには溶けません。

| 解　答 |

【問題32】…(3)　　　　　　　　【問題33】…(5)

【問題36】

　重クロム酸カリウム（ニクロム酸カリウム）の性状について，次のうち正しいものはどれか。

(1)　暗緑色の結晶である。

(2)　甘味があり毒性は低い。

(3)　水に不溶である。

(4)　還元されやすい物質である。

(5)　加熱により酸素を発生して燃える。

解説

 この問題は，「酸化剤＝還元されやすい物質」というポイントを把握していれば解ける問題です。

　第1類危険物は酸化剤であり，他の物質を酸化させるということは，自身は逆に，還元されやすい物質ということになります。

　なお，(1)は橙赤色，(2)は苦味があって毒性が強い，(3)は水に溶ける，(5)は燃えない（第1類は不燃性）が正解です。

【問題37】

　重クロム酸アンモニウムの性状について，次のうち誤っているものはどれか。

(1)　橙赤色で粉末の結晶である。

(2)　加熱により窒素ガスを発生する。

(3)　水には溶けない。

(4)　約180℃に加熱すると分解する。

(5)　ヒドラジンと混触すると爆発するおそれがある。

解説

　重クロム酸アンモニウムは，水にはよく溶ける物質です。

【問題38】

　重クロム酸アンモニウムの性状について，次のうち誤っているものはどれか。

解　答

【問題34】…(2)　　　　　　　　　　【問題35】…(3)

(1)　オレンジ色系の結晶である。

(2)　水に溶けるが，エタノールには溶けない。

(3)　強力な酸化剤である。

(4)　加熱すると，融解せずに分解をはじめる。

(5)　有機物と混合すると，加熱，衝撃または摩擦により爆発する。

解説

　重クロム酸アンモニウムは，<u>水やエタノールにはよく溶けます</u>。

〈その他のもので政令で定めるもの〉(⇒重要ポイントは P.44)

【問題39】　　特急　★

　三酸化クロム（無水クロム）の性状について，次のうち誤っているものはどれか。

(1)　暗赤色の針状結晶である。

(2)　毒性が強い。

(3)　潮解性があり，水によく溶ける。

(4)　硫酸に溶けない。

(5)　酸化されやすい物質と接触すると，発火することがある。

解説

　三酸化クロムは，硫酸や塩酸などの<u>強酸に溶けます</u>。

【問題40】　　特急　★

　三酸化クロムの性状について，次のうち誤っているものはいくつあるか。

A　水に溶けない。

B　アルコール，エーテルには溶けない。

C　潮解性を有しない。

D　有機物と混合すると，発火することがある。

E　高温に加熱すると，分解して酸素を発生する。

(1)　1つ　　　　(2)　2つ　　　　(3)　3つ

(4)　4つ　　　　(5)　5つ

解答

【問題36】…(4)　　　　　　　　　　【問題37】…(3)

解説

A，B　誤り。三酸化クロムは，水やアルコール，エーテルに溶けます。

C　誤り。三酸化クロムには**潮解性**があります。

D　正しい。

E　正しい。**第1類危険物**を高温に加熱すると，分解して**酸素**を発生します。

従って，誤っているのは，A，B，Cの3つになります。

【問題41】 特急 ★★

二酸化鉛の性状について，次のうち誤っているものはどれか。

(1)　無色の粉末である。

(2)　水に溶けない。

(3)　火災時に刺激性または有毒なヒュームを発生する。

(4)　加熱により分解し，酸素を発生する。

(5)　酸化されやすい物質と混合すると発火することがある。

解説

二酸化鉛は，暗褐色の粉末です。

【問題42】 特急 ★

二酸化鉛の性状について，次のうち誤っているものはどれか。

(1)　不燃性である。

(2)　日光にあたると，常温（20℃）でも分解して，酸素を発生する。

(3)　アルコールによく溶ける。

(4)　暗褐色の粉末である。

(5)　電気の良導体である。

解説

二酸化鉛は，アルコールには溶けません。

【問題43】

二酸化鉛の性状について，次のうち正しいものはいくつあるか。

解　答

【問題38】 …(2)　　　　　【問題39】 …(4)　　　　　【問題40】 …(3)

A　水を加えると，激しく反応する。

B　水には溶けるが，アルコールに溶けない。

C　燃焼速度は極めて速い。

D　光によって分解される。

E　電気の絶縁性に優れている。

　(1)　1つ　　　(2)　2つ　　　(3)　3つ

　(4)　4つ　　　(5)　5つ

|解説|

A　水を加えても反応はしません。

B　水，アルコールともに溶けません。

C　**第1類危険物は不燃性**なので，燃えません。

D　**熱，光**によって分解されます。

E　二酸化鉛は，**電気の良導体**（電気をよく流す）なので，バッテリーの電極
　　などに用いられています。

　　従って，正しいのは，Dの1つのみとなります。

【問題44】 急行★

　次亜塩素酸カルシウムの性状について，次のうち誤っているものはどれか。

(1)　水溶液は，熱や光などにより分解して酸素を発生する。

(2)　水と反応すると塩化水素を発生する。

(3)　アンモニアと混合した場合は，発火，爆発のおそれがある。

(4)　常温（20℃）では安定しているが，加熱すると分解して発熱し，塩素を放
　　出する。

(5)　空気中では次亜塩素酸を遊離するため，塩素臭がある。

|解説|

> この問題は，「**第1類危険物を加熱すると酸素を発生する**」という
> ポイントを把握していれば解ける問題です。

　次亜塩素酸カルシウムは，光によっても分解するくらい不安定な物質で，加

|解　答|

【問題41】…(1)　　　　　　　　　　【問題42】…(3)

熱した場合は，他の**第1類危険物**同様，**酸素**を発生します。

【問題45】

　炭酸ナトリウム過酸化水素付加物（過炭酸ナトリウム）の貯蔵，取扱いについて，次のうち誤っているものはいくつあるか。

A　火災の発生した場合は，大量の水による消火が有効である。

B　水に不溶のため，高湿度の環境下において貯蔵しても，その性質は変化しない。

C　貯蔵容器として，アルミニウム製や亜鉛製のものを用いない。

D　不燃性なので，熱分解も起こさず，高温でも取扱うことができる。

E　漂白作用および酸化作用があるので，可燃性物質や金属粉末との接触を避ける。

　(1)　1つ　　(2)　2つ　　(3)　3つ

　(4)　4つ　　(5)　5つ

解説

A　ほとんどの第1類危険物同様，注水消火します。

B　炭酸ナトリウム過酸化水素付加物は，**水に溶けやすく**，分解して**過酸化水素**と**炭酸ナトリウム**に分解するので，高湿度の環境下における貯蔵，取扱いは避ける必要があります。

C　その通り。

D　炭酸ナトリウム過酸化水素付加物は，不燃性ではありますが，加熱により熱分解を起こし，**酸素**などを発生するおそれがあるため，高温の環境下における貯蔵，取扱い，および火気に近づけるようなことは避ける必要があります。

E　その通り。

　従って，誤っているのは，B，Dの2つになります。

〈総合〉

【問題46】

　次の第1類危険物の物質と色の組合せについて，誤っているものはどれか。

| 解　答 |

【問題43】…(1)　　　　　　　　　　　　　　【問題44】…(4)

(1)　過マンガン酸カリウム……………………黒紫

(2)　過マンガン酸ナトリウム…………………灰白色

(3)　三酸化クロム………………………………暗赤

(4)　過酸化ナトリウム…………………………黄白色

(5)　二酸化鉛……………………………………暗褐色

解説

　第 1 類危険物には無色や白色の物質が多いですが，問題の物質はそれら以外の物質を集めたもので，過マンガン酸ナトリウムは**赤紫色**(粉末)が正解です。

【問題47】

　次の第 1 類危険物のうち，水に溶けないものは，いくつあるか。

　　「二酸化鉛，塩素酸カリウム，過塩素酸カリウム，塩素酸ナトリウム，過酸化カリウム，過酸化バリウム」

(1)　1 つ　　　(2)　2 つ　　　(3)　3 つ

(4)　4 つ　　　(5)　5 つ

解説

　第 1 類危険物のほとんどは水溶液物質ですが，問題の塩素酸ナトリウム以外のものは非水溶性です（塩素酸カリウムは熱水には溶けます）。

【問題48】

　次の第 1 類危険物のうち，エタノール（エチルアルコール）に溶けるものはいくつあるか。

　　「重クロム酸カリウム，重クロム酸アンモニウム，ヨウ素酸ナトリウム，ヨウ素酸カリウム，二酸化鉛，塩素酸バリウム，過塩素酸カリウム，次亜塩素酸カルシウム，臭素酸ナトリウム」

(1)　1 つ　　　(2)　2 つ　　　(3)　3 つ

(4)　4 つ　　　(5)　5 つ

解　答

【問題45】…(2)

解説

　エタノールに溶けるのは，重クロム酸アンモニウムの1つのみです。

【問題49】

　次の第1類危険物のうち，潮解性を有するものはいくつあるか。

　　「塩素酸ナトリウム，過塩素酸ナトリウム，硝酸ナトリウム，過マンガン酸ナトリウム，過酸化ナトリウム，臭素酸ナトリウム」

　(1)　1つ　　　(2)　2つ　　　(3)　3つ

　(4)　4つ　　　(5)　5つ

解説

　一般に，**第1類危険物**のナトリウム系には潮解性がありますが，上記，最後の過酸化ナトリウムと臭素酸ナトリウムには潮解性がありません。

　なお，上記4つの他に，潮解性がある**第1類危険物**には，「次亜塩素酸カルシウム，過酸化カリウム，三酸化クロム，硝酸アンモニウム」などがあります。（注：亜塩素酸ナトリウムにも潮解性がありますが，わずかしかないので，省略しています）

解　答

【問題46】…(2)　　　【問題47】…(5)　　　【問題48】…(1)　　　【問題49】…(4)

第１類危険物の総まとめ

（１）不燃性で強力な酸化剤である。

（２）比重が１より大きい。

（３）色について

原則，無色または白色の結晶（または粉末）

① オレンジ系：過酸化カリウム，重クロム酸アンモニウム，重クロム酸カリウム

② 赤色系：過マンガン酸カリウム（赤紫），過マンガン酸ナトリウム（赤紫），三酸化クロム（暗赤）

③ その他：過酸化ナトリウム（黄白色），過酸化バリウム（灰白色），二酸化鉛（暗褐色）

（４）加熱すると酸素を発生する。

（５）無機過酸化物（過酸化カリウム，過酸化ナトリウム）は水と反応して酸素を発生する。

（注：酸素は不燃性ガスであり，また第１類は加熱や水との反応で可燃性ガスは発生しないので注意！）

（６）ほとんどのものは水に溶ける。

（二酸化鉛，（過）塩素酸カリウム，過酸化カリウム，過酸化バリウム，は溶けない）

（７）アルコール（エタノール）に溶けないもの（主なもの）。

重クロム酸カリウム，ヨウ素酸ナトリウム，ヨウ素酸カリウム，二酸化鉛塩素酸バリウム，過塩素酸カリウム，次亜塩素酸カルシウム，臭素酸ナトリウム

（８）潮解性があるもの（主なもの）。

ナトリウムとの化合物（塩素酸ナトリウム，過塩素酸ナトリウム，硝酸ナトリウム，過マンガン酸ナトリウム）＋次亜塩素酸カルシウム＋過酸化カリウム

＋三酸化クロム＋硝酸アンモニウム

（9）消火方法

消火方法	・原則	・水系（**水，強化液，泡**） ・**粉末（リン酸塩類）** ・**乾燥砂等**（膨張ひる石，膨張真珠岩含む）
	・アルカリ金属 の過酸化物等 （アルカリ土 類金属含む）	・**粉末（炭酸水素塩類）** ・**乾燥砂等** （注水厳禁！）
	・適応しない消 火剤	・**二酸化炭素消火剤** ・**ハロゲン化物消火剤**

第2類の危険物

第2類に共通する特性の重要ポイント

（1）共通する性状

1．固体の可燃性物質である。
2．一般に比重は1より大きく，水に溶けないものが多い。
3．燃焼の際，有毒ガスを発生するものがある。
4．酸化されやすい（燃えやすい）物質である。
5．酸化剤と混合すると，発火，爆発することがある。
6．酸，アルカリに溶けて（反応して）水素を発生するものがある。
7．微粉状のものは，空気中で粉じん爆発を起こしやすい。
（6のように，酸にもアルカリにも溶ける（反応する）元素を両性元素といい，アルミニウムや亜鉛などが該当します。）

（2）貯蔵および取扱い上の注意

1．火気（炎や火花など）や高温体との接触，および加熱を避ける。
2．酸化剤との接触や混合を避ける。
3．一般に，防湿に注意して容器は密封（密栓）する。
4．冷暗所に貯蔵する。

5．その他
・鉄粉，金属粉およびマグネシウム（またはこれらのものを含有する物質）は，水や酸との接触を避ける。
・引火性固体にあっては，みだりに蒸気を発生させない。

（3）共通する消火の方法

1．一般的には，水系の消火器（強化液，泡など）で冷却消火するか，または乾燥砂などで窒息消火する。
2．注水により発熱や発火するもの（鉄粉，金属粉，マグネシウム粉など）や有毒ガスを発生するもの（硫化リン）には，乾燥砂などで窒息消火する。

第2類に共通する特性のまとめ

共通する性状	**可燃性固体**で一般に比重は**1より大きく，水に溶けない**ものが多い。また，**酸化されやすく，酸化剤**と混合すると**発火，爆発する**危険性がある。
貯蔵，取扱い方法	**火気，加熱，酸化剤**を避け，**密栓**して**冷暗所**に貯蔵する。
消火方法	注水消火するものや注水厳禁なものなど，各物質によって異なる。

第2類の危険物に共通する特性の問題

〈第2類危険物に共通する性状〉（⇒重要ポイントは P.76）

【問題1】　特急 ★

第2類の危険物の性状について，次のうち**誤っている**ものはどれか。

(1)　水に溶けないものが多い。

(2)　すべて可燃性の固体で，引火性を有するものもある。

(3)　比較的低温で着火しやすいものがある。

(4)　燃焼によって有害ガスを発生するものがある。

(5)　水と反応しアセチレンガスを発生するものがある。

解説

(1)　第2類危険物の性状です。

(2)　**引火性固体**が該当します。

(3)　その通り。

(4)　**硫黄，硫化リン**は燃焼により二酸化硫黄（亜硫酸ガス），**赤リン**は五酸化リンの有害ガスを発生します。

(5)　第2類危険物でアセチレンガスを発生するものはありません（アセチレンガスを発生するのは第3類危険物の**炭化カルシウム**です）。

【問題2】　特急 ★

次の第2類の危険物の性状について，次のうち**誤っている**ものはどれか。

(1)　常温（20℃）で液状のものがある。

(2)　40℃未満で引火するものがある。

(3)　粉じん爆発を起こすものがある。

(4)　酸化剤と接触すると危険である。

(5)　酸に溶けて水素を発生するものがある。

解　答

解答は次ページの下欄にあります。

解説

> この問題は，「第2類危険物は**固体**である。」というポイントを把握していれば解ける問題です。

(1)　第2類危険物は可燃性の**固体**です。

(2)　**引火性固体**は「固形アルコールその他1気圧において引火点が**40℃未満のもの**」とされているので，40℃未満で引火するものもあります。

(3)　**赤リン，硫黄，鉄粉，アルミニウム粉，亜鉛粉，マグネシウム**などは粉じん爆発を起こすおそれがあります。

(4)　第2類の危険物は可燃性の固体であり，酸化されやすく燃えやすいので，酸化剤と混合すると，発火，爆発する危険性があります。

　　なお，「酸化剤と混合すると，衝撃等により**発火する**ものがある。」「酸化剤と接触または混合したものは，衝撃等により**爆発する**ことがある。」という文章で出題されることもありますが，いずれも○です。

(5)　**鉄粉，アルミニウム粉，亜鉛粉，マグネシウム**などが該当します。

【問題3】
　第2類の危険物の性状について，次のうち誤っているものはどれか。
(1)　いずれも固体の無機物質である。
(2)　水と反応して，硫化水素を発生するものがある。
(3)　ゲル状のものがある。
(4)　自然発火を起こすものがある。
(5)　一般に燃えやすい物質である。

解説

(1)　第2類の**引火性固体**のなかには有機物もあります。

　　なお，無機物質というのは，一般に炭素Cを分子内に含まない物質のことをいい，逆に，一般に分子内に炭素Cを含む物質を**有機物**といいます。

(2)　**硫化リン**が該当します。

(3)　**固形アルコール**が該当します。

(4)　**赤リン，鉄粉，アルミニウム粉，マグネシウム**などが該当します。

解　答

【問題1】…(5)　　　　　　　　　　【問題2】…(1)

(5)　第2類危険物は，**可燃性**の固体です。

【問題4】

　第2類の危険物の性状について，次のA～Eのうち誤っているものすべてを掲げてあるものはどれか。

A　固形アルコールを除き，引火性はない。

B　一般に水に溶けやすい。

C　酸にもアルカリにも溶けて，水素を発生するものがある。

D　熱水と反応して，リン化水素を発生するものがある。

E　水と接触すると水素を発生し爆発するものがある。

(1)　A　　　　　(2)　A，B　　　　　(3)　A，B，D

(4)　B，C　　　(5)　B，D，E

解説

A　固形アルコール以外の**引火性固体**（ゴムのり，ラッカーパテ）や**硫黄**にも引火性があります。

B　一般に水に溶けにくい物質です。

C　**アルミニウム粉**や**亜鉛粉**が該当します（⇒両性元素という）。

D　熱水と反応するものに**三硫化リン**がありますが，その場合，三硫化リンは**硫化水素**を発生します（リン化水素を発生するのは，第3類危険物のリン化カルシウムです）。

E　**アルミニウム粉**や**亜鉛粉**，マグネシウムが該当します。

【問題5】

　第2類の危険物の性状について，次のA～Dのうち正しいものはいくつあるか。

A　亜鉛粉は，水酸化ナトリウムに溶けて水素を発生する。

B　硫化リンは，空気中の湿気により分解するので，石油中に貯蔵する。

C　赤リンは，比較的不活性であるため，微粉状態であっても粉じん爆発を起こすことはない。

D　金属粉は，いずれも融点と沸点が高いため，自然発火する危険はない。

解　答

【問題3】…(1)

(1)　なし　　　(2)　１つ　　　(3)　２つ

(4)　３つ　　　(5)　４つ

解説

A　亜鉛粉は，両性元素（酸，アルカリ双方と反応する元素）なので，酸のほか水酸化ナトリウムのようなアルカリとも反応して**水素**を発生します。

B　密栓した容器に貯蔵します。

C　微粉状態の赤リンは，粉じん爆発を起こすおそれがあります。

D　空気中の水分と反応して自然発火するおそれがあります。

　従って，正しいのは，Aのみとなります。

【問題６】

　第２類の危険物の燃焼生成物について，次のうち誤っているものはどれか。

(1)　硫化リンが燃えると，二酸化硫黄とリン化水素が生成する。

(2)　赤リンが燃えると，五酸化二リンが生成する。

(3)　硫黄が燃えると，二酸化硫黄が生成する。

(4)　アルミニウム粉が燃えると，酸化アルミニウムが生成する。

(5)　マグネシウムが燃えると，酸化マグネシウムが生成する。

解説

　この問題は，「リン化水素を発生するのは第３類危険物の**リン化カルシウムのみ**」というポイントを把握していれば解ける問題です。

　硫化リンが燃えると，二酸化硫黄は発生しますが，リン化水素は発生しません（リン化水素は第３類危険物の**リン化カルシウム**が水と反応した際に発生します。）

　なお，(2)の五酸化二リンは五酸化リンの別名です。

【問題７】

　第２類の危険物には危険物以外の物質と反応して気体を発生するものがある。次の組合わせのうち，誤っているものはどれか。

解　答

【問題４】…(3)

	危険物	危険物以外の物質	発生する気体
(1)	三硫化リン	熱水	硫化水素
(2)	亜鉛粉	水	水素
(3)	アルミニウム粉	水酸化ナトリウム水溶液	水素
(4)	鉄粉	希塩酸	硫化水素
(5)	マグネシウム	希塩酸	水素

解説

(1) 三硫化リンの場合，**熱水**のみと反応して**硫化水素**を発生します。

(2)，(3) 亜鉛粉やアルミニウム粉は，両性元素なので，**水**のほか，酸や水酸化ナトリウムなどの**アルカリ**とも反応して**水素**を発生します。

(4) 鉄粉が希塩酸などの酸と反応した場合は，硫化水素ではなく，**水素**を発生します。

(5) マグネシウムは，熱水や希塩酸などの酸と反応して**水素**を発生します。

【問題8】

次の第2類の危険物の組合わせのうち，両性元素のみのものはどれか。

(1) Al（アルミニウム粉）と Zn（亜鉛粉）

(2) Zn（亜鉛粉）と P（赤リン）

(3) P（赤リン）と S（硫黄）

(4) S（硫黄）と Fe（鉄粉）

(5) Al（アルミニウム粉）と Fe（鉄粉）

解説

 両性元素：酸とも塩基（アルカリ）とも反応する物質のことをいいます。

第2類危険物のうち，両性元素に該当するのは，Al（アルミニウム粉）と Zn（亜鉛粉）です。

解　答

【問題5】…(2)　　　　　　　　　　【問題6】…(1)

〈**第２類の貯蔵および取扱い**〉(⇒重要ポイントは P.76)

【問題９】

第２類の危険物の貯蔵，取扱いの方法について，次のうち適切でないものはどれか。

(1) 粉じん状のものは，静電気による発火の防止対策を行う。

(2) 酸化剤との接触を避ける。

(3) 可燃性蒸気を発生するものは，通気性のある容器に保存する。

(4) 湿気や水との接触を避けなければならないものがある。

(5) 紙袋（多層，かつ，防水性のもの）へ収納できるものがある。

解説

 この問題は，「通気性のある容器に保存するのは第５類の**エチルメチルケトンパーオキサイド**と第６類の**過酸化水素のみ**」というポイントを把握していれば解ける問題です。

「可燃性蒸気を発生するもの」とは引火性固体のことですが，この引火性固体を含めて，第２類の危険物の容器はすべて**密栓**して貯蔵します。

なお，(5)は**硫黄**が該当します。

【問題10】

第２類の危険物に共通する火災予防の方法として，次のうち誤っているものはいくつあるか。

A　換気の良い冷所に保存する。

B　粉じん状の金属は，飛散を防ぐため加湿する。

C　還元剤との接触又は混合を避ける。

D　第１類の危険物との接触は，特に避ける。

E　空気との接触を避けなければならないものがある。

(1) 1つ　　　(2) 2つ　　　(3) 3つ

(4) 4つ　　　(5) 5つ

解　答

【問題７】…(4)　　　　　　　　　【問題８】…(1)

解説

A　正しい。

B　誤り。粉じん状の金属のうち，**アルミニウム粉**や**亜鉛粉**は，水と反応して**水素**を発生したり，**自然発火**の危険性があり，また，**鉄粉**も水分があると**自然発火**の危険性があるので，加湿するのは不適切です。

C　誤り。還元剤ではなく，**酸化剤**との接触又は混合を避けます。

D　正しい。第1類や第6類の危険物は**酸化剤**であり，これらに接触すると，爆発するおそれがあります。

E　正しい。**アルミニウム粉**，**亜鉛粉**，**マグネシウム**などは，空気そのものというより，空気中に存在する**水分**と反応して自然発火を起こす危険性があります。

従って，誤っているのは，B，Cの2つになります。

【問題11】

危険物を貯蔵し，取り扱う際の注意事項として，次のうち適切なものはいくつあるか。

A　五硫化リンは，湿気により加水分解しないよう，吸湿性のある亜硝酸ナトリウムとともに貯蔵する。

B　赤リンは，空気中で発火するおそれがあるので，水中に貯蔵する。

C　アルミニウム粉は，水と反応して水素を発生するので，水分との接触を避ける。

D　マグネシウムの粉末は，ハロゲン間化合物と接触すると発火するおそれがあるので，同一場所に貯蔵しない。

E　固形アルコールは，可燃性蒸気が漏えいしないよう，容器に入れ密封して貯蔵する。

(1)　1つ　　　(2)　2つ　　　(3)　3つ

(4)　4つ　　　(5)　5つ

解説

A　五硫化リンは第2類危険物，亜硝酸ナトリウムは酸化性固体である**第1類危険物**なので，両者を接触させると，発火，爆発する危険性があります。

解　答

B　純粋な赤リンは自然発火を起こしません（黄リンを含んだものは自然発火のおそれがある）。また，水中ではなく，**密栓**した容器に貯蔵します。

C　アルミニウム粉や亜鉛粉は，水と反応して**水素**を発生します。

D　ハロゲン間化合物は**第６類の酸化剤**であり，可燃性固体のマグネシウムと接触すると発火するおそれがあります。

E　固形アルコールなどの第２類危険物は，容器に入れ密封して貯蔵します。

　従って，適切なのは，C，D，Eの３つになります。

【問題12】

　第２類の危険物を貯蔵し，または取り扱う場合における火災予防上の一般的な注意事項について，次の文の下線部分のうち適切でない箇所はどれか。

　「第２類の危険物は，（A）還元剤との接触若しくは混合，炎，火花若しくは高温体との接近または過熱を避けるとともに，（B）鉄粉，金属粉およびマグネシウム並びにこれらのいずれかを含有するものにあっては，水または酸との接触を避け，（C）引火性固体にあっては，みだりに蒸気を発生させないこと。」

(1)　なし　　　　(2)　A　　　　　(3)　B

(4)　C　　　　　(5)　A，B

解説

　第２類危険物は可燃性固体なので，酸化剤との接触を避けます。

〈**第２類の消火方法**〉（⇒重要ポイントは P.76）

【問題13】　　急行★

　次の危険物のうち，火災の際に霧状注水による消火が適しているものはいくつあるか。

A　亜鉛粉　　　　　　B　硫化リン　　　　C　赤リン

D　アルミニウム粉　　E　硫黄

(1)　１つ　　　(2)　２つ　　　(3)　３つ

(4)　４つ　　　(5)　５つ

解答

【問題11】…(3)

解説

　第2類危険物で，水による消火が適しているものは，**赤リン**と**硫黄**のみです。

【問題14】 ⚙特急★★

　次のA～Eの危険物のうち，水による消火を避けなければならないものはいくつあるか。

A　硫化リン　　　　　　B　アルミニウム粉　　　　C　赤リン

D　マグネシウム　　　　E　鉄粉

　　(1)　1つ　　　(2)　2つ　　　(3)　3つ

　　(4)　4つ　　　(5)　5つ

解説

　第2類危険物で，水による消火を避けなければならないもの（＝注水厳禁）は，<u>硫化リン，鉄粉，アルミニウム粉</u>，<u>亜鉛粉，マグネシウム</u>です。

　従って，下線部の4つが正解です。

【問題15】

　次のA～Eの危険物のうち，二酸化炭素消火剤による消火が可能なのはいくつあるか。

A　五硫化リン　　　　　B　アルミニウム粉　　　　C　硫黄

D　マグネシウム　　　　E　引火性固体

　　(1)　1つ　　　(2)　2つ　　　(3)　3つ

　　(4)　4つ　　　(5)　5つ

解説

　第2類危険物で，二酸化炭素消火剤による消火が可能なのは，**硫化リン**と**引火性固体**です。従って，AとEの2つが正解です。

【問題16】

　次のA～Eのうち，危険物の性状にあった消火方法として，正しいものはいくつあるか。

解　答

【問題12】…(2)　　　　　　　　　　【問題13】…(2)

A　五硫化二リンの火災に，霧状の水を放射する。

B　赤リンの火災には，泡消火剤を放射する。

C　マグネシウムの火災に，霧状の水を放射する。

D　三硫化四リンの火災には，注水消火が最も適切である。

E　亜鉛粉の火災には，乾燥砂で覆うのが有効である。

(1)　1つ　　　(2)　2つ　　　(3)　3つ

(4)　4つ　　　(5)　5つ

解説

A　五硫化二リンとは五硫化リンの別名で，**注水厳禁**です。

B　赤リンは，**水系の消火剤**で消火します。

C　マグネシウムの火災には，**注水厳禁**です。

D　三硫化四リンとは，三硫化リンの別名で，**注水厳禁**です。

E　ほとんどの第2類危険物に乾燥砂は有効です。

　従って，正しいのは，B，Eの2つになります。

解　答

【問題14】…(4)　　　　　　【問題15】…(2)　　　　　　【問題16】…(2)

2　第2類危険物の性質早見表

（注：結は結晶、粉は粉末、金は金属）

品名	主な物質名	化学式	形状	比重	発火点	融点	自然発火	粉じん爆発	消火
①硫化リン	三硫化リン	P_4S_3	黄(結)	2.03	100℃	173℃			砂
	五硫化リン	P_2S_5	淡黄(結)	2.09		290℃			粉末
	七硫化リン	P_4S_7	淡黄(結)	2.19		310℃			CO_2
②赤リン	赤リン	P	赤褐(粉)	2.1～2.2	260℃	600℃	△	○	水、砂
③硫黄	硫黄	S	黄(固)(粉)	2.07	232～360℃	113℃	○	○	水と土砂
④鉄粉	鉄粉	Fe	灰白(粉)	7.86		1535℃	○	○	
⑤金属粉	アルミニウム粉	Al	銀白(粉)	2.7	550～640℃	660℃	○	○	砂、金属消火剤
	亜鉛粉	Zn	灰青(粉)	7.14		419℃	○	○	
⑥マグネシウム	マグネシウム	Mg	銀白(金)	1.74		650℃	○	○	
⑦引火性固体	固形アルコール、ゴムのり、ラッカーパテ								泡 CO_2 ハロゲン 粉末

3 第2類危険物に属する各物質の重要ポイント

注) 原則として，〈貯蔵，取扱い法〉については，「**第2類に共通する貯蔵，取扱い法**」であれば**省略してあります**が，その物質特有の特徴があれば表示してあります。）

〈第2類に共通する貯蔵，取扱い法〉
・**火気，加熱，酸化剤を避け，密栓して冷暗所に貯蔵する。**

（1）硫化リン（硫黄とリンが化合した物質）

〈性状〉
1. **黄色又は淡黄色の結晶**である。
2. **融点**は，三硫化リン＜五硫化リン＜七硫化リン，という順に高くなる。
3. **三硫化リンは水には溶けない。**
4. **二硫化炭素に溶ける。**
5. 三硫化リンは**熱水**と，五硫化リンは**水**（冷水）と，七硫化リンは**冷水，熱水とも反応**して，可燃性で有毒な**硫化水素**（H_2S）を発生する。
6. **燃焼**すると，**有毒ガス**（亜硫酸ガス SO_2 など）を発生する。
（注：五硫化リンは**五硫化二リン**ともいう）

〈貯蔵，取扱い法〉
・**水や金属粉**などと接触させない。

〈消火方法〉
1. **水**は厳禁。
2. **乾燥砂**（または粉末消火剤か二酸化炭素消火剤）で消火する。

（2）赤リン　特急★★

〈性状〉

1．赤褐色の粉末で，**無臭で無毒**である。
2．**水**にも**二硫化炭素**にも**溶けない**。
3．自然発火はしないが，**黄リン**を含んだものは自然発火の危険性がある。
4．**黄リンの同素体**で，黄リンよりも不活性である（⇒安定している）。
5．燃焼すると，有毒な**リン酸化物**を発生する。

〈消火方法〉

1．**注水**による冷却消火
2．**乾燥砂**で窒息消火する。

（3）硫黄　特急★★

〈性状〉

1．**黄色の固体または粉末**で，**無味**，**無臭**である＊。
2．主な同素体に**斜方硫黄**，**単斜硫黄**，**非晶形**，**ゴム状硫黄**などがある。
3．**水には溶けない**が，**二硫化炭素には溶ける**。
4．**エタノール**，**ジエチルエーテル**には，わずかしか溶けない。
5．燃焼すると，有毒な**二酸化硫黄**（SO_2：亜硫酸ガス）を発生する。
（＊無臭について：温泉地での「硫黄の臭い」というのは，正確には「硫化水素の臭い」である）。

〈貯蔵，取扱い法〉

1．空気中に飛散させない。
2．**静電気対策**をする。
3．**塊状の硫黄**は，「麻袋，わら袋」，粉末状の硫黄は，「二層以上のクラフト紙，麻袋」などの袋に入れて貯蔵する。

〈消火方法〉

・**水**（噴霧注水）と**土砂**により消火する。

（4）鉄粉 〔急行★〕

〈性状〉

1. **灰白色**の粉末である。
2. **水，アルカリ**には溶けない。
3. **酸**に溶けて**水素**を発生する。
4. **微粉状**のものは，空気との接触面積が大きいので，**発火（爆発）する**危険性がある。
5. 鉄粉のたい積物は，空気との接触面積が小さいので，**酸化されにくい。**
6. **湿気**により酸化し，発熱することがある。

> 〈鉄粉のたい積物について〉
> ・**空気を含む**ので熱が伝わりにくくなる。
> ・単位重量当たりの表面積が**小さい**ので，**酸化されにくい**（下線部出題例あり）。
> ・**水分を含む**たい積物は，**酸化熱**を内部に蓄積し，**発火する**ことがある。

〈消火方法〉

・乾燥砂等か**金属火災用粉末消火剤**で消火する。
・加熱したものに注水すると爆発する危険性があるので，**注水は厳禁！**

（5）アルミニウム粉 〔急行★〕

〈性状〉

1. **銀白色**の粉末で，比重は**1より大きい。**
2. 水には溶けないが，両性元素なので，**酸，アルカリ（水酸化ナトリウム**など）双方に溶けて**水素**を発生する。
3. 水と反応して**水素**を発生し，**爆発する**ことがある。
4. 空気中の**水分や湿気**と反応して**発火する**ことがある（下線部⇒「自然発火する」と表現する場合もある）。
5. 空気中で浮遊すると，**粉じん爆発**することがある（粒子どうしの接触による静電気火花や摩擦熱等により）。

〈貯蔵，取扱い法〉

・水分やハロゲンとの接触を避ける。

〈消火方法〉

・乾燥砂か金属火災用粉末消火剤で消火する（注水は厳禁！）。

（6）亜鉛粉

　「形状が**灰青色の粉末である**」，「水分を含む**塩素**と接触すると，**自然発火**することがある」という性状以外は，すべて（5）のアルミニウム粉に準じる（危険性は低い）。

（7）マグネシウム

〈性状〉

1. **銀白色**の軽い金属である。
2. 製造直後のものは，**酸化被膜**が形成されておらず，**発火しやすい**。
3. 燃焼すると，**白光**を放って高温で燃え，**酸化マグネシウム**を生じる。
4. 水とは徐々に，熱水とは激しく反応して**水素**を発生する。
5. 空気中で浮遊すると，**粉じん爆発**することがある（粒子どうしの接触による静電気火花や摩擦熱等により）。

〈貯蔵，取扱い法〉

・水分や**酸**との接触を避ける。

〈消火方法〉

・乾燥砂か金属火災用粉末消火剤で消火する（**注水は厳禁！**）。

（8）引火性固体

〈性状〉

1. 固形アルコールその他1気圧において引火点が40℃未満のもので，いずれも常温（20℃）で引火する危険性がある。
　　　また，その消火方法は，**泡消火剤，二酸化炭素消火剤，ハロゲン化物消**

火剤，粉末消火剤などを用いて消火する。

2．常温（20℃）で可燃性ガスを発生する。

3．各物質の特徴

① 固形アルコール

・エタノールまたはメタノールを凝固剤で固めたもの（圧縮固化ではないので注意）で，アルコールと同様の臭気がある。

・40℃未満で可燃性蒸気を発生し，引火しやすい。

② ゴムのり

・生ゴムをベンゼンなどの石油系溶剤に溶かした接着剤である。

③ ラッカーパテ

・トルエン，酢酸ブチル，ブタノールなどを成分とした下地修正塗料である。

第2類危険物に属する各物質の問題

〈**硫化リン**〉(⇒重要ポイントは P.89)

【問題1】 特急 ★

三硫化リンの性状等について，次のうち誤っているものはどれか。

(1) 黄色の結晶である。

(2) 100℃では融解しない。

(3) 不燃性ガスによる窒息消火は有効である。

(4) トルエン，ベンゼンに溶解しない。

(5) 貯蔵，取扱いについては，加熱，衝撃をさけ，炎，水分と接触させない。

解説

三硫化リンは，**二硫化炭素，トルエン，ベンゼンに溶けます。**

【問題2】 急行 ★

三硫化リンの性状について，次のうち誤っているものはどれか。

(1) 五硫化リン，七硫化リンに比較して，融点が低い。

(2) 100℃以上で発火の危険性がある。

(3) 冷水とは反応しないが，熱水（熱湯）と徐々に反応して分解する。

(4) 加水分解すると，二酸化硫黄を発生する。

(5) 金属粉と混合すると，自然発火する。

解説

二酸化硫黄は硫化リンが<u>燃焼した際</u>に発生するもので，<u>加水分解</u>*した際は，**硫化水素とリン酸を発生します**（*水が加わることにより分解する作用）。

【問題3】

三硫化リンの性状について，次のA～Eのうち，適切な組み合わせはどれか。

A 冷水とは反応しないが，熱水とは反応する。

B 加熱しても，融点以下で発火することはない。

解 答

解答は次ページの下欄にあります。

C　常温（20℃）の乾燥した空気中では安定である。
D　加水分解すると，有毒なリン化水素を発生する。
E　火災時は，注水消火が適している。
　(1)　AとB　　　(2)　AとC　　　(3)　BとD
　(4)　CとE　　　(5)　DとE

|解説|

A　五硫化リンは**冷水**と，七硫化リンは**冷水，熱水**双方と反応します。
B　三硫化リンの融点は172℃，発火点は100℃なので，融点以下であっても100℃以上なら発火する可能性があります。
C　その通り。
D　リン化水素を発生するのは，第３類危険物の**リン化カルシウム**で，三硫化リンが加水分解すると，有毒な**硫化水素**等を発生します。
E　硫化リンには**注水厳禁**です。
　従って，適切な組み合わせは，(2)のAとCになります。

【問題４】

　三硫化リンと五硫化リンの性状について，次のうち誤っているものはいくつあるか。
A　いずれも水や二硫化炭素に容易に溶ける。
B　いずれも黄色又は淡黄色の結晶である。
C　いずれも，硫黄より融点は高い。
D　いずれも加水分解すると可燃性ガスを発生する。
E　融点は，五硫化リンより三硫化リンの方が高い。
　(1)　1つ　　(2)　2つ　　(3)　3つ
　(4)　4つ　　(5)　5つ

|解説|

A　三硫化リンは，水には溶けません。
B　その通り。
C　硫黄の融点は，113〜120℃，三硫化リンの融点は173℃，五硫化リンの融

|解　答|

点は290℃なので，硫黄より融点は高くなっています。

D　正しい。加水分解すると有毒で可燃性の**硫化水素**等を発生します。

E　誤り。Cより，三硫化リンの方が低い，が正解です。

　従って，誤っているのはA，Eの2つということになります。

【問題5】

　三硫化リン（P_4S_3），五硫化リン（P_2S_5），七硫化リン（P_4S_7）に共通する性状について，次のA～Eのうち正しいものはいくつあるか。

A　約100℃で融解する。

B　比重は水よりも小さく，水に浮く。

C　淡黄色または黄色の結晶である。

D　加水分解すると有毒な可燃性ガスを発生する。

E　燃焼すると有毒な二酸化硫黄（亜硫酸ガス）を発生する。

　　(1)　1つ　　(2)　2つ　　(3)　3つ

　　(4)　4つ　　(5)　5つ

解説

A　三硫化リンの融点は173℃，五硫化リンの融点は290℃，七硫化リンの融点は310℃なので，約100℃では融解しません。

B　いずれも比重は2以上で，水に沈みます。

C　その通り。

D　加水分解すると，有毒な**硫化水素**を発生します。

E　その通り。

　従って，正しいのは，C，D，Eの3つになります。

【問題6】

　七硫化リンの性状等について，次のうち正しいものはどれか。

(1)　赤褐色の粉末である。

(2)　比重は1より小さい。

(3)　常温（20℃）で発火する。

(4)　反応性が強いため，金属容器およびガラス容器に収納してはならない。

解　答

【問題3】…(2)　　　　　　　　　　【問題4】…(2)

(5) 消火の際は，二酸化炭素消火剤を使用しても差しつかえない。

解説

(1) 赤褐色の粉末は**赤リン**であり，硫化リンは**淡黄色**または**黄色**の結晶です。

(2) 比重は2.19なので１より**大きい**物質です。

(3) 常温（20℃）では発火しません。

(4) 金属容器やガラス容器に収納して貯蔵します。

(5) 硫化リンの火災には，乾燥砂のほか粉末消火剤や**二酸化炭素消火剤**も適応します。

【問題７】

硫化リンの貯蔵，取扱いについて，次のＡ～Ｅのうち誤っているものはいくつあるか。

A　酸化性物質との混合を避ける。

B　水で湿潤の状態にして貯蔵する。

C　加熱，衝撃，火気との接触を避けて取り扱う。

D　換気のよい冷所で貯蔵する。

E　容器のふたは通気性のあるものを使用する。

 (1)　１つ (2)　２つ (3)　３つ

 (4)　４つ (5)　５つ

解説

A　酸化性物質と混合すると<u>爆発する</u>おそれがあります。

B　硫化リンは<u>水分を避けて貯蔵します</u>。

C　その通り。

D　その通り。

E　容器を<u>密栓</u>して貯蔵します（通気性のある容器に収納するのは，第５類危険物のエチルメチルケトンパーオキサイドと第６類危険物の過酸化水素です）。

従って，誤っているのは，B，Eの２つになります。

解　答

【問題５】…(3)

【問題8】
　五硫化二リンの消火方法として，次のうち適切でないものはどれか。

(1)　ソーダ灰で覆う。

(2)　乾燥砂で覆う。

(3)　強化液消火剤を放射する。

(4)　二酸化炭素消火剤を放射する。

(5)　粉末消火剤を放射する。

解説

　硫化リンは，鉄粉や金属粉と同様，**水系の消火剤**は適応しません。

〈赤リン〉（⇒重要ポイントは P.90）

【問題9】　特急★★
　赤リンの性状について，次のうち誤っているものはどれか。

(1)　赤色系の粉末で，比重は1より大きい。

(2)　無臭である。

(3)　二硫化炭素によく溶ける。

(4)　黄リンと同素体の関係にある。

(5)　約260℃で発火する。

解説

　赤リンは，水にも二硫化炭素にも溶けません。

【問題10】　特急★★
　赤リンの性状について，次のうち誤っているものはどれか。

(1)　赤褐色の粉末である。

(2)　毒性はない。

(3)　塩素酸カリウムとの混合物は，わずかな衝撃で発火する。

(4)　純粋なものは，空気中に放置しても自然発火しない。

(5)　粉じん爆発のおそれはない。

解　答

【問題6】…(5)　　　　　　　　　　【問題7】…(2)

解説

　　この問題は，「第２類危険物の総まとめの(6)粉じん爆発するおそれ
があるもの（⇒**赤リン**，**硫黄**，**鉄粉**，**アルミニウム粉**，**亜鉛粉**，
マグネシウム)」を把握していれば解ける問題です（⇒P.121)。

　上記より，赤リンは粉じん爆発のおそれがあります。

　なお，(4)の自然発火ですが，黄リンを含んだものは自然発火の危険性があり
ます。

【問題11】　急行★

　赤リンの性状について，次のうち誤っているものはどれか。

(1)　純粋なものは，空気中に放置しても自然発火しない。

(2)　燃焼により，有毒な十酸化四リン（五酸化二リン）を生じる。

(3)　水に溶けないが，有機溶媒には溶ける。

(4)　塩素酸カリウム等酸化性物質と混合すると，発火するおそれがある。

(5)　空気中で，約260℃で発火する。

解説

　赤リンは，水のほか二硫化炭素などの有機溶媒にも溶けません（同素体の黄
リンは水に溶けないが二硫化炭素などの有機溶媒には溶けます。)。

　なお，(2)は，「燃焼生成物は強い毒性を有する。」として出題される場合もあ
ります（答⇒正しい)。

【問題12】

　赤リンの性状について，次のうちＡ～Ｅのうち正しいものはいくつあるか。

Ａ　赤茶色，暗赤色または紫色の粉末である。

Ｂ　特有の臭気を有している。

Ｃ　常圧で加熱すると約100℃で昇華する。

Ｄ　弱アルカリ性と反応して，リン化水素を生成する。

Ｅ　空気中でリン光を発する。

　(1)　１つ　　　　(2)　２つ　　　　(3)　３つ

解　答

【問題８】…(3)　　　　　　　【問題９】…(3)　　　　　　　【問題10】…(5)

　(4)　4つ　　　(5)　5つ

[解説]

A　一般的には，赤リンは「赤褐色の粉末」とされていますが，本問のように，
　赤茶色，暗赤色，紫色の粉末のほか，**赤紫色**という表現で出題される場合も
　あるので，注意してください（いずれも正しい。）。

B　赤リンは**無臭**で無毒です。

C　赤リンは，常圧で加熱すると，**約400℃で固体から直接気化（昇華）**しま
　す。

D　アルミニウム粉や亜鉛粉は，アルカリと反応して**水素**を発生しますが（酸
　とも反応する両性元素である），赤リンはアルカリとは反応しません。

E　空気中でリン光を発するのは，同素体の黄リンの方です。

　従って，正しいのは，Aの1つのみとなります。

　以上より，赤リンの出題ポイントは次のようになります。

> ・**赤色系の粉末**で**無臭**である。
> ・**水，二硫化炭素に溶けない**。
> ・（純品は）**自然発火はしない**が，**粉じん爆発**のおそれはある。

〈**硫黄**〉（⇒重要ポイントは P.90）

【問題13】　特急★★

　硫黄の性状について，次のうち誤っているものはどれか。

(1)　無臭の赤褐色粉末である。

(2)　流通品は人体に有害な可燃性の硫化水素を含むことあるため，輸送や貯蔵
　において注意する。

(3)　常圧で加熱すると，約400℃で固体から直接気化する。

(4)　約260℃で発火する。

(5)　燃焼生成物は強い毒性を有する。

[解　答]

【問題11】…(3)

解説

　硫黄は，無味，無臭ですが，(1)のように赤褐色ではなく，**黄色の固体**または**粉末**です。

　なお，(5)の燃焼生成物とは，**二酸化硫黄（亜硫酸ガス）**のことです。

【問題14】 特急 ★★

　硫黄の性状について，次のうち正しいものはどれか。

(1)　水より軽い。

(2)　水に溶けやすい。

(3)　二硫化炭素に溶けやすい。

(4)　酸に溶け硫酸を生成する。

(5)　空気中において，100℃で発火する。

解説

> この問題は，「第2類危険物の総まとめの(3)二硫化炭素に溶けるもの（⇒**硫化リン，硫黄**）」を把握していれば解ける問題です（⇒P.120）。

(1)　硫黄の比重は**2.07**なので，1より大きい。

(2)　水には溶けません（二硫化炭素には溶けます）。

(4)　誤り（硫黄が酸と反応して硫酸を生成するには，化合を何回かくり返す必要がある）。

(5)　硫黄の発火点は**232℃**なので，100℃では発火しません。

【問題15】

　硫黄の性状について，次のうち誤っているものはどれか。

(1)　空気中で燃やすと，青い炎をあげて燃える。

(2)　多くの金属元素および非金属元素と高温で反応する。

(3)　酸化剤との混合物は，加熱，衝撃により爆発することがある。

(4)　エタノール，ジエチルエーテルによく溶ける。

(5)　電気の不導体である。

解　答

【問題12】…(1)　　　　　　　　　【問題13】…(1)

解説

エタノール，ジエチルエーテルには，少ししか溶けません。

【問題16】

　硫黄の性状について，次のうち誤っているものはどれか。

(1)　斜方硫黄，単斜硫黄およびゴム状硫黄などの同素体がある。
(2)　微粉が浮遊していると，粉じん爆発の危険性がある。
(3)　ほとんどの金属と反応して，硫化物をつくる。
(4)　引火点を有し，また，融点は110〜120℃程度である。
(5)　電気の良導体である。

解説

　硫黄は，電気の不導体で，摩擦等によって静電気を生じやすい物質です。

　なお，(3)は，金，白金を除くすべての金属と反応して，硫化物をつくり，(4)の引火点は，207℃です（数値は資料により異なる）。

【問題17】　急行★

　硫黄の性状について，次のA〜Eのうち，正しいもののみの組合わせはどれか。

A　塊状のものは麻袋やわら袋に入れて貯蔵することができる。
B　腐卵臭を有している。
C　屋外に貯蔵することはできない。
D　空気中で燃やすと，二酸化硫黄を生じる。
E　融点まで加熱すると発火する。

	A	B	C	D	E
(1)	○	○	×	×	×
(2)	○	×	×	○	×
(3)	×	○	○	○	○
(4)	○	○	○	○	×
(5)	×	×	○	○	○

　注：表中の○は正，×は誤を表するものとする。

解　答

【問題14】…(3)　　　　　　　　　　【問題15】…(4)

解説

A　塊状のものは麻袋やわら袋に入れ，また，粉状のものは二層以上のクラフト紙の袋や麻袋などに入れて貯蔵することができます。

B　純粋なものは，無臭です（腐卵臭を有するのは硫化水素）。

C　硫黄は，屋外貯蔵所に貯蔵できます。

E　硫黄の融点は115℃前後であり，発火点の232℃より低いので，加熱しても発火することはありません。

（A，Dが○）

【問題18】

硫黄の貯蔵，取扱いについて，次のA～Eのうち正しいものはいくつあるか。

A　空気中の水分と反応して発熱することがあるため，通気性のある麻袋やわら袋などで貯蔵しないようにする。

B　塊状の硫黄は，麻袋やわら袋に詰めて貯蔵するが，粉状のものは袋詰めできない。

C　帯電した静電気によって発火することがあるため，静電気を蓄積させないようにする。

D　粉末硫黄は，乾燥状態で静電気を帯びるため，発火，爆発することのないように，使用する輸送機器は接地する必要がある。

E　石油精製工程からの硫化水素を原料とする回収硫黄は，微量の硫化水素を含むことがあるため，特に貯蔵や輸送において注意が必要である。

　(1)　1つ　　(2)　2つ　　(3)　3つ

　(4)　4つ　　(5)　5つ

解説

A　塊状のものは，麻袋やわら袋などで貯蔵することができます。

B　前問のAより，粉状のものは二層以上のクラフト紙の袋や麻袋などに入れて貯蔵することができます。

C～E　その通り。

　従って，正しいのは，C，D，Eの3つになります。

解　答

【問題16】…(5)　　　　　　　　　【問題17】…(2)

【問題19】

　硫黄の火災に最も適切な消火方法は，次のうちどれか。

(1)　水（霧状）の放射

(2)　高膨張泡消火剤の放射

(3)　二酸化炭素消火剤の放射

(4)　ハロゲン化物消火剤の放射

(5)　粉末消火剤の放射

| 解説 |

　硫黄は**噴霧注水**して**消火**します。

以上，硫黄の出題ポイントをまとめると，次のようになります。

- **黄色**の固体または**粉末**
- 水に溶けないが**二硫化炭素**には溶ける。
- 電気の**不導体**である。
- **塊状**のものは麻袋やわら袋に入れ，また，**粉状**のものは二層以上のクラフト紙の袋や麻袋などに入れて貯蔵することができる。
- 屋外に貯蔵することができる。
- 硫黄の融点は**115℃前後**，発火点は**232℃**
- 消火方法は**噴霧注水**して消火

〈**鉄粉**〉（⇒重要ポイントは P.91）

【問題20】　特急 ★

　鉄粉の性状について，次のうち誤っているものはどれか。

(1)　灰白色の粉末である。

(2)　水に溶けない。

(3)　アルカリとは反応しないが，塩酸とは激しく反応して酸素を発生するので，取扱いに注意する。

(4)　空気中の湿気により酸化蓄熱し，発熱することがある。

(5)　油がしみ込んだものを長時間放置しておくと，自然発火することがある。

| 解　答 |

【問題18】…(3)

【解説】

　鉄粉は**水**や**アルカリ**とは反応しませんが，塩酸などの**酸**とは激しく反応し，酸素ではなく**水素**を発生します。

【問題21】 急行★

　鉄粉の性状について，次のうち誤っているものはどれか。

(1)　白いせん光を伴って燃焼し，気体の二酸化鉄となって空中に拡散する。

(2)　酸化剤と混合したものは，加熱，衝撃，摩擦等により発火するおそれがある。

(3)　加熱したものに水をかけると，爆発することがある。

(4)　湿気により蓄熱し，赤熱することがある。

(5)　酸素との親和力が強く，微粉上のものは発火することがあるので，容器などに密封して貯蔵する。

【解説】

　この問題は，マグネシウムの大きな特徴である「燃焼すると，**白光を放つ**」ということを把握していれば解ける問題です。

　白いせん光を伴って燃焼するのは**マグネシウム**です。

【問題22】  特急★★

　堆積状態の鉄粉について，次のうち正しいものはどれか。

(1)　鉄粉の粒度が小さくなるほど空気の流通が悪くなるので，燃焼は緩慢になる。

(2)　微粉状の鉄粉は空気との接触面積が大きく，かつ熱伝導率が悪いので発火しやすい。

(3)　鉄粉が水分を含むと酸化は促進されるが，熱の伝導がよくなるので乾燥した鉄粉より蓄熱しない。

(4)　酸化マグネシウムと混合した鉄粉のたい積物は加熱または衝撃により爆発的な燃焼をすることがある。

(5)　鉄粉は分解燃焼をするとともに，火炎からの放射熱で未燃部分を加熱し燃

焼を拡大する。

【解説】

(1)　鉄粉の粒度が小さくなるほど空気との接触面積が増えるので，燃焼は**速く**なります。

(3)　鉄粉が水分を含むと酸化は促進されるので，蓄熱されます。

(4)　酸化マグネシウムは**アルカリ**であり，鉄粉はアルカリとは反応しません（酸やアルカリと反応するのは，アルミニウム粉や亜鉛粉）。

(5)　鉄粉などの金属粉が燃焼する際は，**表面燃焼**をします。

【問題23】

　鉄粉の貯蔵，取扱いの注意事項として，次のうち誤っているものはどれか。

(1)　酸素との親和力が強く，微粉状の鉄は発火することがあるので，容器等に密封して貯蔵する。

(2)　湿気により発熱することがあるので，湿気を避ける。

(3)　燃えると多量の熱を発生するので，火気および加熱を避ける。

(4)　自然発火するおそれがあるため，紙袋等の可燃性容器に小分けしてプラスチック箱に収納してはならない。

(5)　塩酸と激しく反応して，可燃性ガスを発生するので，取扱いには注意する。

【解説】

　鉄粉は，油がしみ込んだり，湿気などにより自然発火しやすいので，その湿気が侵入しないよう，容器に密封して保管する必要がありますが，その際，紙袋等の可燃性容器に小分けしてプラスチック箱に収納しても差し支えはありません。

【問題24】　特急★

　鉄粉の火災の消火方法について，次のうち最も適切なものはどれか。

(1)　注水する。

(2)　強化液消火剤を放射する。

(3)　泡消火剤を放射する。

【解答】

【問題21】…(1)

(4)　二酸化炭素消火剤を放射する。

(5)　膨張真珠岩（パーライト）で覆う。

解説

　　この問題は，「第 2 類危険物の総まとめの(8)「**乾燥砂**（膨張ひる石，膨張真珠岩含む）は第 2 類危険物の火災に有効である（ただし，引火性固体は除く）。」を把握していれば解ける問題です（⇒P.121）。

　鉄粉の火災には，**乾燥砂**や膨 張 真珠岩 ^{ぼうちょうしんじゅがん}（別名，パーライトともいい，真珠岩などの細かい粒を高温で加熱して膨張させた多孔質で軽量の粒子のこと。）で覆う**窒息消火**が効果的です。

以上より，鉄粉の出題ポイントをまとめると，次のようになります。

- ・鉄粉は**アルカリ**とは反応しないが，塩酸などの**酸**とは激しく反応し**水素**を発生する。
- ・**微粉状の鉄粉**は空気との**接触面積が大きく**，かつ熱伝導率が悪いので**発火しやすい**。
- ・**堆積状態の鉄粉**は，単位重量当たりの表面積が**小さい**ので，**酸化されにくい**。
  　ただし，**水分**を含むたい積物は，**酸化熱**を内部に蓄積し，**発火すること**がある。
- ・紙袋等の可燃性容器に貯蔵可能。
- ・**注水厳禁**，**乾燥砂**等で消火。

〈**アルミニウム粉**〉（⇒重要ポイントは P.91）

【問題25】　　特 急 ★★

　アルミニウム粉の性状について，次のうち誤っているものはどれか。

(1)　軽く軟らかい軽金属で，銀白色の光沢がある。

(2)　酸，アルカリおよび熱水と反応して，酸素を発生する。

(3)　空気中の水分等により，自然発火することがある。

解　答

【問題22】…(2)　　　　　　　　　　　【問題23】…(4)

(4)　酸化剤と混合したものは，加熱，摩擦，衝撃により発火する。

(5)　ハロゲンと接触すると，反応して高温となり，発火することがある。

解説

 この問題は，「**アルミニウム，亜鉛，スズ，鉛は両性元素**であり，酸，アルカリと反応して**水素を発生する**」ということを把握していれば解ける問題です。

　アルミニウム粉は，**塩酸**などの酸やアルカリおよび水と反応して，**水素**を発生します。

【問題26】　急行★

アルミニウム粉の性状について，次のうち誤っているものはどれか。

(1)　水酸化ナトリウム水溶液に溶解して発熱し，水素を発生する。

(2)　燃焼すると，酸化アルミニウムを生成する。

(3)　塩化ナトリウムと反応して発熱し，塩化アルミニウムを生成する。

(4)　酸化剤と混合したものは，摩擦，衝撃等により発火する。

(5)　鉄の酸化物と混合し点火すると高熱を発して燃焼し，鉄を生成する。

解説

　塩化アルミニウムは，アルミニウムと塩酸が反応した際に生成します。
（アルミニウムと塩化ナトリウムは，常温（20℃）常圧では，反応しません。）

　なお，(5)の反応（＝鉄の酸化物にアルミニウム粉を混合して点火すると，熱を発して酸化物を還元し，溶解した鉄が生成されるという反応）は，**テルミット反応**と呼ばれるもので，一瞬にして2,000℃を超える高温となってアルミニウムが酸化鉄を還元し，鉄を生じさせる反応です。

　本試験では，次のような文章で出題されることもあります。

　　「Fe_2O_3と混合して点火すると，Fe_2O_3が還元され，融解して鉄の単体が得られる。（答⇒正しい）」

解　答

【問題24】　…(5)

【問題27】

　次の文中の（　）内のA〜Cに該当する語句の組み合わせとして，正しいものはどれか。

　「アルミニウム粉は（A）の金属粉であり，酸，アルカリに溶けて（B）を発生する。また，湿気や水分により（C）することがあるので，貯蔵，取扱いには注意が必要である。」

	A	B	C
(1)	銀白色	水素	発火
(2)	灰青色	酸素	熱分解
(3)	銀白色	水素	熱分解
(4)	灰青色	水素	発火
(5)	銀白色	酸素	発火

解説

　【問題25】より，（A）が銀白色，（B）が水素，（C）が発火となります。

　なお，アルミニウム粉は，高温下では鉄粉やマグネシウム同様，二酸化炭素中でも燃焼するので注意してください（出題例あり）。

〈亜鉛粉〉（⇒重要ポイントは P.92）

【問題28】　急行

　亜鉛粉の性状について，次のうち誤っているものはどれか。

(1)　青味を帯びた銀白色の金属であるが，空気中では表面に酸化皮膜ができる。
(2)　酸性溶液中では表面が不動態となり反応しにくい。
(3)　空気中に浮遊すると，粉じん爆発を起こすことがある。
(4)　空気中の湿気により，自然発火することがある。
(5)　水分があれば，ハロゲンと容易に反応する。

解説

　亜鉛は酸と反応して水素を発生するので，酸性溶液中で反応しにくい，というのは，誤りです。

解　答

【問題25】…(2)　　　　　　　【問題26】…(3)

【問題29】 急行★

　亜鉛粉の性状について，次のうち誤っているものはどれか。

(1)　硫黄を混合して加熱すると硫化亜鉛を生じる。

(2)　アルカリとは反応しない。

(3)　硫酸と反応して水素を発生する。

(4)　高温ではハロゲンや硫黄と反応することがある。

(5)　粒度が小さいほど，燃えやすくなる。

解説

> この問題は，問題25の解説より，「亜鉛は，酸，アルカリと反応する**両性元素である**」ということを把握していれば解ける問題です。

　亜鉛粉は酸，アルカリ双方と反応する両性元素です。

【問題30】

　亜鉛粉の性状について，次のうち誤っているものはどれか。

(1)　水を含むと酸化熱を蓄積し，自然発火することがある。

(2)　2個の価電子をもち，2価の陽イオンになりやすい。

(3)　軽金属に属し，高温に熱すると赤色光を放って発火する。

(4)　酸化剤と混合したものは加熱，衝撃または摩擦により発火することがある。

(5)　水分を含む塩素と接触すると，自然発火することがある。

解説

　軽金属とは，比重が4〜5以下の金属を指し，亜鉛粉の比重は約7.1なので，重金属になります。

【問題31】 急行★

　金属粉（アルミニウム，亜鉛）の消火方法として，次のうち最も適切なものはどれか。

(1)　霧状の水を放射する。

(2)　強化液消火剤を放射する。

解　答

【問題27】…(1)　　　　　　　　　　　　【問題28】…(2)

(3)　ハロゲン化物消火剤を放射する。

(4)　屋外の空地から掘り出した土砂で覆う。

(5)　膨張ひる石（バーミキュライト）で覆う。

解説

 　　この問題は、「第２類危険物の総まとめの(8)「乾燥砂（**膨張ひる石**，**膨張真珠岩含む**）は第２類危険物の火災に有効である（ただし，引火性固体は除く）。」を把握していれば解ける問題です（⇒P.121）。

　金属粉の消火方法としては，乾燥砂（**膨張ひる石**，膨張真珠岩などを含む）か金属火災用粉末消火剤を用いて消火します。なお，(4)は水分を含んでいる可能性があるので不適切です。

【問題32】

　金属粉の火災に注水すると危険であるが，その理由として，次のうち適切なものはどれか。

(1)　水と反応して，水素を発生するから。

(2)　水に溶けて，強酸になるから。

(3)　水と反応して，有毒ガスを発生するから。

(4)　水と反応して，過酸化物ができるから。

(5)　水と反応して，水酸化物ができるから。

解説

　金属粉は，水と反応して，水素を発生します。

〈マグネシウム〉（⇒重要ポイントは P.92）

【問題33】 🚄特急★

　マグネシウムの**性状**について，次のＡ〜Ｄのうち，正しいもののみの組合わせはどれか。

Ａ　銀白色の軽い金属である。

Ｂ　白光を発しながら燃焼する。

解　答

【問題29】…(2)　　　　　　　　　　　【問題30】…(3)

C　常温（20℃）の水と激しく反応する。

D　アルカリ溶液と接触すると，酸素を発するおそれがある。

　(1)　AとB　　　(2)　AとC　　　(3)　AとD

　(4)　BとC　　　(5)　CとD

【解説】

C　激しく反応するのは<u>熱水</u>との反応であり，常温（20℃）の水（冷水）とは**徐々に**反応します。

D　マグネシウムは酸とは反応しますが，アルカリとは反応しません。

【問題34】　急行★

　マグネシウムの性状について，次のうち誤っているものはどれか。

(1)　点火すると，白光を発して激しく燃焼する。

(2)　空気中で湿気により発熱して水素を発生し，自然発火のおそれがある。

(3)　酸と接触すると，水素を発生し，発火，爆発のおそれがある。

(4)　ハロゲンと接触すると，発火のおそれがある。

(5)　マグネシウムの酸化皮膜は，更に酸化を促進させる。

【解説】

　マグネシウムの表面が酸化皮膜で覆われると，空気と接触できなくなるので，酸化は進行しなくなります。

【問題35】

　マグネシウムの性状について，次のA〜Eのうち，正しいものの組合せはどれか。

A　窒素とは高温でも反応しない。

B　比重はアルミニウムより小さく，1より小さい。

C　酸化剤と混合したものは衝撃等で発火する。

D　粉末は，熱水中で水素を発生し，水酸化マグネシウムを生成する。

E　常温（20℃）でアルカリ水溶液に溶け，水素を発生する。

　(1)　AとB　　　(2)　AとC　　　(3)　BとD

【解　答】

【問題31】…(5)　　　　　　　　【問題32】…(1)

　(4)　ＢとＥ　　　　(5)　ＣとＤ

解説

A　窒素とは高温で直接反応し，窒化マグネシウム（Mg₃N₂）を生じます。

B　アルミニウムの比重は2.7，マグネシウムの比重は1.74なので，アルミニウムより小さいというのは正しいですが，１よりは大きいので，誤りです。

C　第２類危険物共通の性状です。

D　反応式は次のようになります。

$$Mg + 2H_2O \rightarrow Mg(OH)_2 + H_2$$

E　マグネシウムは**酸**とは反応しますが，**アルカリ**とは反応しません。

　従って，(5)のＣとＤが正解です。

【問題36】

マグネシウムの性状について，次のうち誤っているものはどれか。

(1)　製造直後のマグネシウム粉は，発火しやすい。

(2)　吸湿したマグネシウム粉は，発熱し発火することがある。

(3)　水酸化ナトリウム水溶液と反応して酸素を発生する。

(4)　マグネシウムと酸化剤の混合物は，発火しやすい。

(5)　棒状のマグネシウムは，直径が小さい方が燃えやすい。

解説

(1)　製造直後のマグネシウムには，まだ酸化皮膜が形成されていないので，空気中の湿気と反応して発火するおそれがあります。

(2)　その通り。

(3)　マグネシウムは希薄な酸や熱水とは反応しますが，アルカリ水溶液とは反応しません（水酸化ナトリウムの水溶液はアルカリ性です）。

(4)　その通り。

(5)　直径が小さい方が空気との接触面積が大きくなるので，燃えやすくなります。

解　答

【問題33】…(1)　　　　　　　　　　【問題34】…(5)

【問題37】

　マグネシウムの粉末を貯蔵し，取り扱う場合の火災予防としての注意事項に該当しないものは，次のうちどれか。

(1)　水と接触させないこと。

(2)　酸と接触させないこと。

(3)　ハロゲンと接触させないこと。

(4)　乾燥塩化ナトリウムと接触させないこと。

(5)　二酸化窒素と接触させないこと。

解説

　塩化ナトリウムはマグネシウム火災の消火に適している金属火災用粉末消火剤の成分なので，当然，塩化ナトリウムとは反応しません。

【問題38】

　マグネシウムの粉末を貯蔵し，または取り扱う場合の火災予防としての注意事項に該当しないものは，次のうちどれか。

(1)　帯電を防ぐこと。

(2)　湿気を避けること。

(3)　ハロゲンと接触させないこと。

(4)　乾燥炭酸ナトリウムと接触させないこと。

(5)　容器を密封して乾燥した冷暗所に貯蔵すること。

解説

　マグネシウムはアルカリとは反応しません（炭酸ナトリウムはアルカリ性）。

〈引火性固体〉（⇒重要ポイントは P.92）

【問題39】

　引火性固体の性状等について，次のうち誤っているものはどれか。

(1)　固形アルコールとは，メタノールまたはエタノールを凝固剤で固めたものである。

(2)　ラッカーパテとは，トルエン，ニトロセルロース，塗料用石灰等を配合し

解　答

【問題35】…(5)　　　　　　　　　　　【問題36】…(3)

た下地用塗料である。

(3)　ゴムのりとは，生ゴムをベンジン等に溶かした接着剤である。

(4)　引火点は40℃以上であり，常温（20℃）では引火しない。

(5)　引火性固体は，発生した蒸気が主に燃焼する。

解説

　引火性固体とは，１気圧において引火点が40℃未満のものをいい，常温（20℃）でも引火する危険性があります。

【問題40】

　固形アルコールについて，次のうち正しいものはどれか。

(1)　メタノールまたはエタノールを高圧低温化で圧縮固化したものである。

(2)　常温（20℃）では可燃性ガスを発生しない。

(3)　合成樹脂とメタノールまたはエタノールとの危険物である。

(4)　主として熱分解によって発生する可燃性ガスが燃焼する。

(5)　消火には粉末消火器が有効である。

解説

(1)　固形アルコールは，メタノールまたはエタノールを凝固剤で固めたものです。

(2)　常温（20℃）でも可燃性ガスを発生します。

(3)　(1)の解説を参照。

(4)　固形アルコールは，熱分解ではなく，蒸発した可燃性蒸気が燃焼します。

解　答

【問題37】…(4)　　　　　　　　　　【問題38】…(4)

【問題41】

引火性固体のゴムのりの性状等について，次のうち誤っているものはどれか。

(1) 接着剤の一種で，生ゴムを主に石油系溶剤に溶かして造られる。

(2) 粘着性，凝縮力が強い。

(3) 水に溶けやすい。

(4) 引火性固体に該当するゴムのりの引火点は，1気圧において40℃未満である。

(5) 引火性蒸気を発生し，この蒸気を吸入すると頭痛，めまい，貧血等を起こすことがある。

解説

ゴムのりは，水には溶けません。

〈総合〉

【問題42】 急行★

次の表は，第2類危険物の物質の色についてまとめたものである。誤っているものはどれか。

	物質	色
(1)	硫化リン，硫黄	黄色か淡黄色
(2)	赤リン	赤褐色
(3)	鉄粉	暗褐色
(4)	アルミニウム粉，マグネシウム	銀白色
(5)	亜鉛粉	灰青色

解説

鉄粉の色は，灰白色です（暗褐色は第1類危険物の二酸化鉛です。）。

解　答

【問題39】…(4)　　　　　　　　　　　【問題40】…(5)

【問題43】

　次の表は，第２類危険物とその発生するガスをまとめたものである。誤っているものはどれか。

	物質	発生するガス
(1)	鉄粉	塩酸などの酸に溶けて**水素**を発生する。
(2)	アルミニウム粉 亜鉛粉	酸（塩酸や硫酸）やアルカリ（水酸化ナトリウム）に溶けて**水素**を発生する。 （アルミニウム粉は水と反応しても**水素**を発生する）
(3)	マグネシウム	熱水，希薄な酸に溶けて**水素**を発生する。
(4)	硫化リン	水または熱水と反応して**リン化水素**を発生する。
(5)	硫黄	燃焼の際に**二酸化硫黄**を発生する。

解説

 この問題は，「**硫化リン⇒硫化水素を発生**」というポイントを把握していれば解ける問題です。

　硫化リンが水または熱水と反応して発生するのは，**硫化水素**です（リン化水素を発生するのは，第３類危険物のリン化カルシウムです。）。

解　答

【問題44】

次の第2類危険物のうち，粉じん爆発するおそれがないものはいくつあるか。

三硫化リン，赤リン，硫黄，鉄粉，アルミニウム粉，亜鉛粉，マグネシウム，固形アルコール

(1) 1つ   (2) 2つ   (3) 3つ

(4) 4つ   (5) 5つ

解説

先頭の三硫化リンと最後の固形アルコールの2つ以外は，粉じん爆発するおそれがあります。

【問題45】 急行★

次の表は，第2類危険物のうち，自然発火のおそれがある物質をまとめたものである。誤っているものはどれか。

	物質	自然発火の状況
(1)	赤リン	水分を含んだ赤リンは，**自然発火**のおそれがある。
(2)	鉄粉	油のしみた鉄粉および水分を含んだ堆積物は**自然発火**のおそれがある。
(3)	アルミニウム粉	空気中の水分やハロゲン元素などと接触すると，**自然発火**のおそれがある。
(4)	亜鉛粉	空気中の水分やハロゲン元素などと接触すると，**自然発火**のおそれがある。
(5)	マグネシウム	空気中の水分と接触すると，**自然発火**のおそれがある。

解説

赤リンは，黄リンを含んだ場合に自然発火のおそれがあります。

解 答

【問題43】 …(4)

【問題46】

第 2 類の危険物には，粉末の状態で取り扱うと粉じん爆発の危険性を有するものがあるが，粉じん爆発を防止する対策として，次のうち誤っているものはどれか。

(1) 粉じんを取り扱う装置等を接地するなどして，静電気が蓄積しないようにする。

(2) 粉じんが発生する場所の電気設備は防爆構造のものを使用する。

(3) 粉じんを取り扱う装置等には窒素等の不活性気体を封入する。

(4) 粉じんが床や装置等にたい積しないように，常に取り扱う場所の空気を循環させておく。

(5) 粉じんが発生する場所では火気を使用しないよう徹底する。

解説

空気を循環させておくと，粉じんどうしや粉じんと壁の摩擦で**静電気**が発生し，それが帯電して静電気火花を発生するおそれがあるため，粉じん爆発を防止する対策としては不適切です。

【問題47】

第 2 類の危険物で粉じん爆発のおそれがある場合の火災予防対策として，次のうち誤っているものはどれか。

(1) 定期的に清掃を行う。

(2) 火気を避ける

(3) 電気設備を防爆構造にする。

(4) 静電気帯電防止作業服および静電気帯電防止靴の着用を励行する。

(5) 粉じんを堆積させないために，常時空気を対流させておく。

解説

【問題46】の解説参照

解　答

【問題44】…(2)　　　【問題45】…(1)　　　【問題46】…(4)　　　【問題47】…(5)

第2類危険物の総まとめ

（1）比重は**1より大きい**。

（2）水には**溶けない**。

（3）二硫化炭素に溶けるもの（覚え方⇒両方とも「硫」がついている）。
硫化リン，硫黄

（4）発生するガスの種類
① **水素**を発生するもの

鉄粉	酸（**塩酸**など）に溶けて**水素を発生する**
アルミニウム粉 亜鉛粉	・酸（塩酸や硫酸）やアルカリ（水酸化ナトリウム）に溶けて**水素を発生する**。 ・水と反応して**水素を発生する**。
マグネシウム	熱水，希薄な酸に溶けて**水素を発生する**

注）**鉄粉**と**マグネシウム**は**アルカリ**とは反応しません。
〈覚え方〉

鉄　　マン　　　　　　　で歩け　　　　ない　　）
鉄粉　マグネシウム──→アルカリ　　無し

② **硫化水素**を発生するもの

硫化リン	水または熱水と反応して**硫化水素を発生する**

③ **二酸化硫黄**を発生するもの

硫黄，硫化リン	燃焼の際に**二酸化硫黄を発生する**

（5）自然発火のおそれのあるもの

赤リン	黄リンを含んだ赤リンは，**自然発火**のおそれがある
鉄粉	油のしみた鉄粉は，**自然発火**のおそれがある
アルミニウム粉	空気中の水分やハロゲン元素などと接触すると，**自然発火**のおそれがある
マグネシウム	空気中の水分と接触すると，**自然発火**のおそれがある

〈覚え方〉…………自然発火のおそれのあるもの
　（発火するので）<u>ア</u>　　<u>セッ</u>　　<u>て</u>　　<u>ます。</u>
　　　　　　　アルミ　赤リン　鉄粉　マグネシウム

（6）粉じん爆発するおそれがあるもの
　赤リン，硫黄，鉄粉，アルミニウム粉，亜鉛粉，マグネシウム

（7）消火の方法
　① **注水消火**するもの
　　・赤リン　硫黄
　② **金属火災用粉末消火剤**（**塩化ナトリウム**が主成分）により消火するもの
　　・鉄粉　アルミニウム粉　亜鉛粉　マグネシウム
　③ **注水厳禁**なもの
　　・亜鉛粉　　アルミニウム粉　　硫化リン　マグネシウム　鉄粉

〈覚え方〉…………注水厳禁なもの（③）
　<u>あ</u>　<u>あ，</u>　<u>竜（りゅう）</u>　<u>馬っ</u>　　　<u>て</u>　<u>チュー</u>　嫌いだったのか…
　亜鉛　アルミ　硫化リン　マグネシウム　鉄粉　注水　　×

　④ **二酸化炭素**が使用可能なもの
　　・硫化リン，引火性固体
　⑤ 引火性固体は，泡，二酸化炭素，ハロゲン化物，粉末消火剤などで消火する。

（8）乾燥砂は第2類危険物の火災に有効である（ただし，引火性固体は除く）。

第3類に共通する特性の重要ポイント

（1）共通する性状

1．常温（20℃）では，**液体**または**固体**である。
2．物質そのものは，**可燃性**のものと**不燃性**のものがある（**リン化カルシウム，炭化カルシウム，炭化アルミニウムのみ不燃性**）。
3．一部の危険物（**リチウムは禁水性，黄リンは自然発火性**）を除き，**自然発火性**と**禁水性**の両方の危険性がある。

> ・リチウム　　　⇒禁水性のみ
> ・黄リン　　　　⇒自然発火性のみ
> （その他の第3類⇒自然発火性＋禁水性）

4．多くは，**金属**または**金属を含む化合物**である。

（2）貯蔵および取扱い上の注意

1．自然発火性物質は，**空気との接触**はもちろん，**炎，火花，高温体との接触および加熱**をさける。
2．禁水性物質は，**水との接触**をさける。
3．容器は湿気をさけて**密栓**し，換気のよい**冷所**に貯蔵する。
4．容器の**破損**や**腐食**に注意する。
5．保護液に貯蔵するものは，保護液から危険物が露出しないよう，保護液の減少に注意する。
6．**黄リンその他水中に貯蔵する物品**と**禁水性物品**とは，同一の貯蔵所において貯蔵しないこと（危政令第26条より）

> **黄リンと禁水性物品とは同時貯蔵できない。**

（3）消火の方法

1．**水系の消火剤**（水，泡，強化液）は使用できない（**黄リンのみ注水消火**

可能）。また，**二酸化炭素消火剤，ハロゲン化物消火剤**は全ての第３類危険物に適応しない。

2．禁水性物質（＝黄リン以外の物質）は，**炭酸水素塩類**の**粉末消火剤**を用いて消火する（⇒黄リンは×）。

3．**乾燥砂（膨張ひる石，膨張真珠岩含む）**は，すべての第３類危険物に使用することができる。

第３類に共通する特性のまとめ

共通する性状	**液体**または**固体**で，一般には**自然発火性**と**禁水性**の両方の危険性があるが，**リチウム**は**禁水性**，**黄リン**は**自然発火性**のみである。	
貯蔵，取扱い方法	**火**と**水**を避け（空気は物質により避ける必要がある），**密栓**して**冷所**に貯蔵する。	
消火方法	①黄リン以外	
	適応する消火剤	適応しない消火剤
	・**粉末消火剤（炭酸水素塩類）** ・**乾燥砂**など（膨張ひる石，膨張真珠岩含む）	・**水系の消火剤**(強化液，泡含む) ・**二酸化炭素消火剤** ・**ハロゲン化物消火剤**
	②黄リン	
	適応する消火剤	適応しない消火剤
	・**水系の消火剤**(強化液，泡含む) ・**乾燥砂**など（膨張ひる石，膨張真珠岩含む）	・**二酸化炭素消火剤** ・**ハロゲン化物消火剤**

第3類の危険物に共通する特性の問題

〈第3類に共通する性状〉（⇒重要ポイントは P.124）

【問題1】

　第3類の危険物の品名に該当しないものは，次のうちどれか。

(1)　金属の水素化物

(2)　金属の塩化物

(3)　アルミニウムの炭化物

(4)　アルカリ土類金属

(5)　アルキルリチウム

解説

　第3類危険物で，名称の冒頭に「金属」が付くのは，金属の**水素化物**と金属の**リン化物**だけです。

【問題2】 特急 ★★

　次のA〜Eの第3類の危険物のうち，禁水性物質に該当しないものはいくつあるか。

A　ナトリウム

B　ジエチル亜鉛

C　黄リン

D　アルキルアルミニウム

E　炭化カルシウム

　　(1)　1つ　　　(2)　2つ　　　(3)　3つ

　　(4)　4つ　　　(5)　5つ

解説

> この問題は，「黄リンは自然発火性のみ（⇒禁水性はない）」「リチウムは禁水性のみ（⇒自然発火性はない）」というポイントを把握していれば解ける問題です。

解答

　解答は次ページの下欄にあります。

第 3 類危険物は，ほとんどが禁水性と自然発火性の両方の性質を有していますが，その中でも C の黄リンは，**自然発火性**の性質のみしか有しておらず，水中貯蔵することからも<u>禁水性物質には該当しません</u>。

【問題 3】

次の A ～ E の第 3 類の危険物のうち，禁水性物質に該当するものはいくつあるか。

A　黄リン

B　リン化カルシウム

C　ジエチル亜鉛

D　ノルマル（n–）ブチルリチウム

E　水素化ナトリウム

　(1)　1 つ　　　(2)　2 つ　　　(3)　3 つ

　(4)　4 つ　　　(5)　5 つ

解説

A の黄リン以外は，すべて禁水性物質です。

【問題 4】

第 3 類の危険物の性状について，次のうち誤っているものはどれか。

(1)　保護液中または不活性ガスを封入して保存するものがある。

(2)　濃度が高いと極めて危険性が大きいので，希釈して用いるものがある。

(3)　常温（20℃）で水と反応し，水素が発生して発火するものがある。

(4)　常温（20℃）で空気中の二酸化炭素，酸素と激しく反応し，発火するものがある。

(5)　自然発火性試験または引火点を測定する試験によって，第 3 類の危険物に該当するか否かが判断される。

解説

(1)　P.177，(7)参照。

(2)　**アルキルアルミニウムやノルマルブチルリチウム**などが該当します。

解　答

【問題 1】…(2)　　　　　　　　【問題 2】…(1)

(3)　P.176，(3)の①参照

(4)　**ナトリウム**は，二酸化炭素と激しく反応し，発火することがあり，また，**アルキルリチウム**は，酸素，二酸化炭素酸素と激しく反応します。

(5)　「自然発火性試験」は正しいですが，「引火点を測定する試験」ではなく，「**水との反応性試験**」によって，第3類の危険物に該当するか否かが判断されます。

【問題5】 急行★

第3類の危険物の性状等について，次のうち誤っているものはどれか。

(1)　空気と接触すると発火するものがある。

(2)　水と接触すると発火するものがある。

(3)　水中で貯蔵するものがある。

(4)　水と激しく反応し，発熱して水素を発生するものがある。

(5)　すべて，自然発火性および禁水性の両方の性質を有している。

【解説】

> この問題は，「黄リンは自然発火性のみ」「リチウムは禁水性のみ」というポイントを把握していれば解ける問題です。

　第3類危険物には，リチウムや黄リンなどのように一方の性質のみしか有さない危険物もあります（**リチウム**は**禁水性**のみ，**黄リン**は**自然発火性**のみ）。

　なお，(4)は，「水と反応するものは酸素が発生するので，水との接触を避ける」という出題例もありますが，水と反応して酸素を発生するのは**第1類危険物**であり，第3類危険物の場合は，P.176の総まとめの(3)にあるように，カリウムやナトリウムが水素を発生するほか，その他，リン化水素やアセチレンガスなども発生します。

【問題6】

第3類の危険物の性状について，次のうち誤っているものはどれか。

(1)　常温（20℃）では，固体または液体である。

(2)　保護液として水を使用するものがある。

解　答

【問題3】…(4)　　　　　　　　　　　　【問題4】…(5)

(3)　自然発火性と禁水性の両方の性質を有しているものがある。

(4)　水と接触すると熱と可燃性ガスを発生し，発火するものがある。

(5)　自然発火性のものは，常温（20℃）の乾燥した窒素ガス中でも発火することがある。

解説

　窒素ガス中では，燃焼しません（窒素は高温では酸素と反応して酸化窒素になる）。

【問題７】　🚄特急★★

　第３類の危険物の性状について，次のうち正しいものはどれか。

(1)　いずれも無臭である。

(2)　いずれも比重は１より大きい。

(3)　いずれも無色の固体または液体である。

(4)　いずれも酸化性を有する。

(5)　いずれも自然発火性または禁水性の危険性がある。

解説

　ポイントは【問題２】，【問題４】と同じです。

(1)　黄リンには，ニラのような<u>不快臭</u>があります。

(2)　比重が１より小さい**カリウム**，**ナトリウム**，**ノルマルブチルリチウム**，**リチウム**，**水素化リチウム**などもあります。

(3)　<u>暗赤色</u>の**リン化カルシウム**や<u>淡黄色</u>（または<u>白色</u>）の**黄リン**など，色の付いているものもあります。

(4)　酸化性を有するのは，**第１類**と**第６類**の危険物です。

(5)　【問題５】の(5)のように，「すべて」という表現ではなく，「または」という条件が付いているので，いずれかを有すればよいため，正しい。

【問題８】　🚃急行★

　危険物と水とが反応して生成されるガスについて，次のA～Eの組合わせのうち，誤っているもののみを掲げているものはどれか。

解　答

【問題５】…(5)　　　　　　　　　　【問題６】…(5)

A　リチウム……………………………水素
B　リン化カルシウム………………水素
C　トリクロロシラン………………塩化水素
D　炭化アルミニウム………………水素
E　ジエチル亜鉛……………………エタン
　(1)　AとB　　　(2)　BとC　　　(3)　BとD
　(4)　DとE　　　(5)　AとE

解説

　P.176の(3)より，Aのリチウムは水素，Cのトリクロロシランは塩化水素，Eのジエチル亜鉛はエタンで正しいですが，Bのリン化カルシウムは**リン化水素**，Dの炭化アルミニウムは**メタン**です。

【問題9】　急行★

　危険物と水とが反応して生成されるガスについて，次のA～Eの組合わせのうち，正しいもののみを掲げているものはどれか。
A　ナトリウム…………………………水素
B　バリウム……………………………水素
C　カルシウム…………………………アセチレン
D　水素化ナトリウム………………エタン
E　炭化カルシウム…………………メタン
　(1)　AとB　　　(2)　BとC　　　(3)　BとD
　(4)　DとE　　　(5)　AとE

解説

　P.176の(3)より，Aのナトリウム，Bのバリウムは水素で正しい。しかし，Cのカルシウム，Dの水素化ナトリウムは水素，Eの炭化カルシウムは**アセチレン**なので，誤りです。

解　答

【問題7】…(5)

〈**第3類の貯蔵および取扱い方法**〉(⇒重要ポイントは P.124)

【問題10】

第3類の危険物の貯蔵，取扱いについて，次のうち誤っているものはどれか。

(1) 保護液中で貯蔵しなければならないものがある。

(2) 不活性ガスの下で取り扱わなければならないものがある。

(3) 乾燥，密封して冷所に貯蔵しなければならないものがある。

(4) 直射日光が当たらない冷所に保存する。

(5) 取扱い中に接触すると，直ちに発熱や発火のおそれのあるものは，水と空気のみである。

解説

(1) 灯油中に貯蔵するものや（**ナトリウム，カリウム**など），水中に貯蔵するもの（**黄リン**）などがあります。

(2) **アルキルアルミニウム**や**ジエチル亜鉛**などが該当します。

(3) **禁水性物質**は**乾燥**した場所に，**自然発火性物質**は空気との接触を避けるため，**密封**して**冷所**に貯蔵します。

(4) その通り。

(5) たとえば，カリウムやナトリウムは**ハロゲン**（塩素など）と激しく反応して発火や発火するおそれがあり，また，水素化ナトリウムは，**酸化剤**と接触すると，発火や発熱するおそれがあります。

【問題11】 ⎯急行★

第3類の危険物に関わる火災予防の方法として，次のうち正しいものはいくつあるか。

A 保護液を用いて保存するもの以外は，すべて湿気を避け乾燥空気下で貯蔵する。

B 自然発火性のものは，空気との接触を避けて貯蔵する。

C 自然発火性と禁水性の両方の危険性を有している危険物は，火または火炎との接触を避ける。

D 容器内で保護液から危険物が露出しても，密栓すればよい。

E 屋外貯蔵所に貯蔵する場合は，シートで防水措置を施す。

解　答

【問題8】 …(3)　　　　　　　　　　　　　【問題9】 …(1)

(1)　1つ　　(2)　2つ　　(3)　3つ

(4)　4つ　　(5)　5つ

解説

A　たとえば，**アルキルアルミニウムやジエチル亜鉛，水素化ナトリウム，水素化リチウム**などは保護液を用いませんが，その場合でも乾燥空気下で貯蔵するのではなく，**不活性ガス中**で貯蔵します。

BとCは，その通り。

D　保護液中で貯蔵する場合は，保護液から危険物が露出しないようにして貯蔵する必要があります。

E　屋外貯蔵所に第3類危険物は貯蔵することができません。

　　なお，「たい積して蓄熱するものは，屋外の通風のよい場所で貯蔵する。」という出題例もありますが，同じ理由で誤りです。

　　従って，正しいのは，B，Cの2つになります。

【問題12】

　禁水性物質の貯蔵，取扱いについて，次のA～Eのうち正しいものはいくつあるか。

A　水中で徐々に酸化され，水を酸性にするので，保護液は強アルカリ性に保つようにする。

B　容器は，腐食や亀裂などの有無について常に点検する。

C　容器は通気性を持たせるため，通気口のあるふたをして貯蔵する。

D　黄リンと同一の室に貯蔵する場合は，離して貯蔵する。

E　雨天や降雪時の詰替えは，窓を開放し，外気との換気をよくしながら行う。

(1)　1つ　　(2)　2つ　　(3)　3つ

(4)　4つ　　(5)　5つ

解説

A　禁水性物質は水と接触すると発火したり，不燃性ガスを発生するので，「水中で徐々に酸化され…」というのは誤り。ちなみに，水中貯蔵は黄リンですが，酸化を防ぐため，保護液は強アルカリ性ではなく，**弱アルカリ性の水中**

解　答

【問題10】…(5)　　　　　　　　【問題11】…(2)

で貯蔵します。

C　通気口のある容器に貯蔵するのは，第 5 類危険物の**エチルメチルケトンパーオキサイド**と第 6 類危険物の**過酸化水素**です。

D　黄リンなどの**水中貯蔵物品**と**禁水性物品**とは，同一の貯蔵所で貯蔵することはできません。

E　禁水性物質は，湿度などの水分をさけて貯蔵する必要があるので，雨天や降雪時の詰め替えは不適切です（雨漏りや吹き込みのない場所に貯蔵する）。
（Bのみ正しい。）

【問題13】　急行

第 3 類の危険物の貯蔵方法として，次のうち誤っているものはどれか。

(1)　ナトリウムを流動パラフィンに沈めて貯蔵した。

(2)　リン化カルシウムは，希塩酸中に貯蔵する。

(3)　炭化カルシウムは，乾燥した場所に貯蔵する。

(4)　ジエチル亜鉛は，容器に不活性ガスを封入して密栓する。

(5)　カリウムは，なるべく小分けして貯蔵する。

解説

　リン化カルシウムは，**水**のほか，希塩酸のような**弱酸**とも反応してリン化水素を発生するので，希塩酸中に貯蔵するのは不適切です。

【問題14】　急行

第 3 類の危険物の貯蔵方法として，次のA〜Fのうち適切でないものはいくつあるか。

A　ナトリウムを，保護液として用いる灯油中に貯蔵する。

B　ジエチル亜鉛を，メタノールで希釈して貯蔵した。

C　黄リンを灯油に沈めて貯蔵した。

D　ノルマルブチルリチウムを，ヘキサンで希釈し，窒素雰囲気下で貯蔵した。

E　アルキルアルミニウムを，ベンゼンで希釈して貯蔵し，かつ，アルゴンを封入した容器に密封して貯蔵した。

F　炭化カルシウムは，金属製ドラムに入れて貯蔵してもよい。

解答

【問題12】…(1)

(1)　1つ　　(2)　2つ　　(3)　3つ

(4)　4つ　　(5)　5つ

解説

A　ナトリウムは，酸化を防ぐため，**灯油中**に貯蔵します。

B　ジエチル亜鉛は，空気中で自然発火するので，**不活性ガス中**で貯蔵します。

C　黄リンは，酸化を防ぐため，**水中**で貯蔵します。

D　ノルマルブチルリチウムの反応性を低減するため，ベンゼンやヘキサンで希釈し，また，水分や空気との接触を避けるため，窒素雰囲気下，すなわち，窒素ガス中などで貯蔵します。

E　正しい。アルキルアルミニウムも，Dのノルマルブチルリチウムと同じく，，水分や空気との接触を避けるため，**窒素**や**アルゴン**を封入した容器に密封して貯蔵します。

F　正しい（第3類危険物に共通です）。

　従って，適切でないものは，B，Cの2つになります。

【問題15】

　第3類の危険物の貯蔵，取扱いについて，次の物質のうち，接触させても発熱や発火のおそれのないものはどれか。

(1)　アルゴン　　(2)　二酸化炭素　　(3)　空気

(4)　塩素　　　(5)　水蒸気

解説

　(3)の空気および(5)の水は，接触させると発熱や発火のおそれがあるので，除外。

　(1)のアルゴンは，いかなる条件下でも他の物質と反応しない完全不活性という特性を持ち，第3類危険物とも反応しないので，これが正解です。

　なお，(2)の二酸化炭素は，**ノルマルブチルリチウム**，(4)の塩素（ハロゲン元素）は，**カリウム，ナトリウム，リチウム，バリウム**などが激しく反応します。

解　答

【問題13】…(2)　　　　　　　　【問題14】…(2)

〈第３類の消火方法〉(⇒重要ポイントは P.124)

【問題16】

第３類の危険物の火災に対する消火について，次のうち正しいものはどれか。

(1) 危険物自体は不燃性であるので，周囲の可燃物を除去すればよい。

(2) 噴霧注水は冷却と窒息を兼ねるので，すべてに有効である。

(3) 棒状注水して冷却するのが有効であるが，有毒ガスの発生に注意しなければならない。

(4) 強化液消火剤を使用すると，かえって燃焼が激しくなるものが多い。

(5) 危険物中に多量の酸素を含んでいるので，窒息消火は効果がない。

解説

 この問題は，「第３類危険物は，原則，注水厳禁である」ということを把握していれば解ける問題です。

(1) 第３類の危険物で不燃性のものは少なく，**リン化カルシウム，炭化カルシウム，炭化アルミニウム**などです。

(2), (3) 第３類危険物は，黄リン以外は注水厳禁です。その黄リンも，噴霧注水をすると，飛散するおそれがあるので，不適切です。

(4) 第３類危険物は原則，注水厳禁であり，強化液消火などの水系の消火剤を使用すると，ときには激しく反応して，かえって燃焼が激しくなる場合があります。

(5) 危険物中に多量の酸素を含んでいるのは，第５類の危険物です。

【問題17】

すべての第３類の危険物火災の消火方法として次のうち有効なものはどれか。

(1) 噴霧注水する。

(2) 泡消火剤を放射する。

(3) 二酸化炭素消火剤を放射する。

(4) ハロゲン化物消火剤を放射する。

(5) 乾燥砂で覆う

解　答

【問題15】…(1)　　　　　　　　【問題16】…(4)

解説

　この問題は，「第3類危険物の総まとめ」の(8)消火方法の「原則として**乾燥砂**（膨張ひる石，膨張真珠岩含む）で消火し，**注水は厳禁**である。」ということを把握していれば解ける問題です（⇒P.177）。

　第3類危険物は，基本的に膨張ひる石，膨張真珠岩含む**乾燥砂**で消火を行います。

【問題18】　急行★

　次のA～Fの危険物のうち，水による消火が適切でないもののみをすべて掲げているものはどれか。

A　リチウム
B　カルシウム
C　リン化カルシウム
D　炭化カルシウム
E　黄リン
F　水素化リチウム

　(1)　A，B，C　　　　　　(2)　A，D，E
　(3)　C，D，E，F　　　　(4)　A，B，C，D，F
　(5)　B，C，D，E，F

解説

　水による消火が適切なのは，Eの黄リンのみで，他は不適切です。

【問題19】　急行★

　第3類の危険物の火災の消火について，次のA～Dのうち，誤っているもののみを掲げているものはどれか。

A　第3類の危険物の火災には，炭酸水素塩類等を主成分とした粉末消火剤を有効とするものはない。
B　カリウムの火災の消火剤として，ハロゲン化物消火剤は不適切である。
C　アルキルアルミニウムの火災の消火には，強化液消火剤を放射することは

解答

【問題17】…(5)

　　厳禁である。

D　炭化カルシウムを貯蔵する場所の火災の消火には，機械泡（空気泡）消火
　　剤を放射するのが最も有効である。

　　(1)　ＡとＣ　　　　(2)　ＡとＤ　　　(3)　ＢとＣ

　　(4)　ＢとＤ　　　　(5)　ＣとＤ

[解説]

A　禁水性物質（＝黄リン以外の物質）に，**炭酸水素塩類**の**粉末消火剤**は有効
　　です。

B　ハロゲン化物消火剤は，第３類危険物の消火剤としては不適切です（二酸
　　化炭素消火剤も同じ）。

C　黄リンを除く第３類危険物の火災に強化液消火剤や機械泡（空気泡）消火
　　剤などの**水系の消火剤**は厳禁です。

D　Ｃの解説より，**水系の消火剤**は厳禁です。

　　従って，誤っているのは，ＡとＤになります。

解　答

2　第3類危険物の性質早見表

表1　　　　　　　　　　　　　　　（＊保護液の灯油には、軽油、流動パラフィン、ヘキサンも含みます）

品名	主な物質名（●印のものは不燃性。他は可燃性）	化学式	形状（圏は液体）	比重	自然発火性	禁水性	保護液＊	消火
①カリウム	（品名と同じ）	K	銀白・固	0.86	○	○	灯油	
②ナトリウム	（品名と同じ）	Na	銀白・固	0.97	○	○	灯油	砂、金属
③アルキルアルミニウム	トリエチルアルミニウム		無・液		○	○	不	粉、砂
④アルキルリチウム	ノルマルブチルリチウム（(C₄H₉)Li）	（左参照）	黄褐・液	0.84	○	○	不	粉、砂
⑤黄リン	（品名と同じ）	P	白、黄・固	1.82	○	×	水	水、土砂
⑥アルカリ金属（カリウム、ナトリウム除く）およびアルカリ土類金属	リチウム	Li	銀白・固	0.53	×	○	灯油	砂
	カルシウム	Ca	銀白・固	1.60	○	○		
	バリウム	Ba	銀白・固	3.6	○	○	灯油	
⑦有機金属化合物（アルキルアルミニウム、アルキルリチウム除く）	ジエチル亜鉛（Zn(C₂H₅)₂）	（左参照）	無・液	1.21	○	○	不	粉
⑧金属の水素化物	水素化ナトリウム	NaH	灰・粉	1.40	○	○	不・火	砂、消石灰、ソーダ灰
	水素化リチウム	LiH	白・粒	0.82	○	○	不・火	砂、消石灰、ソーダ灰

品名	主な物質名（●印のもの（は不燃性、他は可燃性））	化学式	形状（液は液体）	比重	自然発火性	禁水性	保護液*	消火
⑨金属のリン化物	●リン化カルシウム	Ca_3P_2	暗赤 固物	2.51	○	○		砂
⑩カルシウムまたはアルミニウムの炭化物	●炭化カルシウム	CaC_2	無白 結	2.22	○	○	△不	砂
	●炭化アルミニウム	Al_4C_3	無黄 結	2.37	○	○	△不	粉末
⑪その他のもので政令で定めるもの	トリクロロシラン	$SiHCl_3$	無 液	1.34	○	○		砂 粉末
⑫前各号に掲げるもののいずれかを含有するもの								

（注1）金は金属、液は液体、固は固体、結は結晶、粉は粉末、不は不活性ガス⇒窒素等。また、⑧の通は流動パラフィン、鉱油中を表しています。△は必要に応じて、という意味です。砂は乾燥砂、粉は粉末消火剤、金属は金属火災用粉末消火剤を表しています。

（注2）主な物質名の欄で品名と物質名が同じものは省略してあります。

（注3）④と⑦の化学式については化学式の欄に入り切らないので主な物質名の欄に表示してあります。

〈重要〉

消火方法の原則

乾燥砂と粉末（炭酸水素塩類）で消火、黄リンのみ注水消火。他は注水厳禁。

● 自然発火性のみの危険物⇒黄リン
● 禁水性のみの危険物 ⇒ リチウム

③ 第3類危険物に属する各物質の重要ポイント

> 注) 原則として，〈貯蔵，取扱い法〉については，「第3類に共通する貯蔵，取扱い法」，「共通する消火方法」であれば省略してありますが，その物質特有の特徴があれば表示してあります。)
>
> 〈第3類に共通する貯蔵，取扱い法〉
> ・火と水をさけ（空気は物質によりさける必要がある），密栓して冷所に貯蔵する。

(1) カリウム・ナトリウム

〈性状〉

1. 水より軽い（比重はカリウムが0.86，ナトリウムが0.97）。
2. 水やアルコールと反応して発熱し，水素を発生して発火する。
3. ハロゲン（塩素など）とも激しく反応する。
4. 化学的反応性や水分と接触した際の反応熱は，カリウムの方が大きい。
5. 炎色反応は，カリウムは紫色，ナトリウムは黄色
6. 有機物に対して還元作用があり，よりカリウムの方が強い。
7. ナトリウムは，酸，二酸化炭素と激しく反応して発火，爆発する危険性がある。

〈貯蔵，取扱い法〉

・灯油，軽油など（流動パラフィン，ヘキサン）の保護液中で貯蔵する（エタノール，メタノール中には貯蔵しない⇒性状の2より反応するため）。

〈消火方法〉

・注水厳禁。また，ハロゲン化物，二酸化炭素，泡，強化液も厳禁
・乾燥砂等，金属火災用粉末消火剤，炭酸ナトリウム（ソーダ灰），石灰等で消火する。

（2）アルキルアルミニウム（固体と液体がある）

〈性状〉

1. **水**とは爆発的に反応して**発火**，**爆発**するおそれがあり，また，**空気**とも接触するだけで急激に酸化されて**発火**する危険性がある。

2. 水や空気との反応性は，アルキル基の**炭素数**または**ハロゲン数**が多いものほど**小さい**（⇒危険性が小さくなる）。

3. **アルコール**や**アミン類**と激しく反応するほか，**ハロゲン化物**とも激しく反応し，有毒ガスを発生する。

4. **ベンゼン**や**ヘキサン**などで希釈すると，危険性が低くなる（⇒ベンゼンやヘキサンと接触や混合しても発熱反応が起きない）。

〈貯蔵，取扱い法〉

1. 安全弁などを設けた耐圧性の容器に**不活性ガス**（**窒素**や**アルゴン**など）を注入し，完全に密閉して冷暗所に貯蔵する。

2. 貯蔵等の際に**ベンゼン**や**ヘキサン**などで希釈すると危険性が軽減される。

〈消火方法〉

・**注水厳禁**。また，**ハロゲン化物**も**厳禁**で，**リン酸塩類**を使用する粉末消火剤も不適。

・消火は困難であり，周囲に延焼しないよう，乾燥砂等に吸収させて火勢を弱らせる。ただし，火勢が小さい場合は，**炭酸水素ナトリウム**等を使用する粉末消火剤での消火は可能。

（3）ノルマルブチルリチウム

〈性状〉

・**黄褐色**の**液体**であること，**酸素**や**二酸化炭素**とも反応する，以外は，アルキルアルミニウムに準じる。

（4）リチウム

〈性状〉

1．固体金属中で，**最も軽く**，**比熱が最も大きい**。
2．水と反応して**水素**を発生する（高温ほど激しい）。
3．ハロゲンと激しく反応し，**ハロゲン化物**を生じる。
4．燃焼すると，**深赤色**の炎を出し，酸化リチウム（有害）を生じる。

〈貯蔵，取扱い法〉（注：バリウムも同じ）

・**灯油中**（または**流動パラフィン中**）に貯蔵する。

〈消火方法〉（注：バリウムも同じ）

・**注水厳禁**
・**乾燥砂**等で消火する。

（5）カルシウム

〈性状〉

1．強い**還元性**を有する。
2．水や**酸**と反応して**水素**を発生する（高温ほど激しい）。
3．燃焼すると，**橙 色**の炎を出し，**酸化カルシウム**（**生石灰**）を生じる。
4．貯蔵の際は，**金属製容器**に入れて密栓し，冷所に貯蔵する。

〈貯蔵，取扱い法〉〈消火方法〉

⇒リチウムに準じる。

（6）黄リン（⇒自然発火性のみで水とは反応しない！）

〈性状〉

1．**白色**または**淡黄色**のろう状**固体**である。
2．**水に溶けない**が，ベンゼンや二硫化炭素には溶ける。
3．空気中に放置すると**白煙**を生じて激しく燃焼し（⇒**自然発火する**），十酸化四リン（五酸化二リン）になる。
4．ハロゲンとも反応する。

5．発火点は100℃より**低い**（**34〜44℃**）
6．暗所では**青白色**の光を発する。

〈貯蔵，取扱い法〉

1．（酸化を防ぐため）**弱アルカリ性**の**水中**で貯蔵する。
2．**禁水性物品**とは，同一の貯蔵所において貯蔵しないこと。

〈消火方法〉

・**水**（噴霧注水）や**土砂**を用いて消火する（高圧注水は飛散するので NG）

（7）**ジエチル亜鉛**（有機金属化合物）　急行

〈性状〉

1．酸化されやすく，空気中で**自然発火**する。
2．**水，アルコール，酸**とは激しく**反応する**。
3．ジエチルエーテル，ベンゼンに**溶ける**。

〈貯蔵，取扱い法〉

・**不活性ガス中**で貯蔵する。

〈消火方法〉

・**注水厳禁**
・**粉末消火剤**で消火する。

（8）**水素化ナトリウム**（金属の水素化物）　急行

〈性状〉

1．**灰色**の**結晶性粉末**である（⇒粘性のある液体ではない！）。
2．水と激しく反応して**水素**を発生し，**自然発火**するおそれがある。
3．**アルコール，酸**と反応する。

〈貯蔵，取扱い法〉

・容器に**窒素**を封入するか，または，**流動パラフィンや鉱油中**に保管し，**酸化剤や水分**との接触をさける。

〈消火方法〉
- ・注水厳禁
- ・乾燥砂，消石灰，ソーダ灰などで消火する。

（9）水素化リチウム

〈性状〉
- ・比重0.82の**白色の結晶**で，性状等は水素化ナトリウムに準じる。

〈貯蔵，取扱い法〉〈消火方法〉
　⇒水素化ナトリウムに準じる。

（10）リン化カルシウム （金属のリン化物）

〈性状〉
1. **赤褐色**の結晶（または結晶性粉末）または塊状の固体である。
2. エタノール，エーテルに**溶けない**。
3. **加熱**，または**水，弱酸**と反応して，可燃性の**リン化水素（ホスフィン）** を発生する。

〈消火方法〉
- ・注水厳禁
- ・乾燥砂で消火する。

（11）炭化カルシウム （カルシウムの炭化物）

〈性状〉
1. 純品は**無色**だが市販品は**灰色**を呈しているものが多い。
2. 水と反応して，**可燃性で有毒**の（空気より軽い）アセチレンガスと水酸化カルシウム（消石灰）を発生する。
3. 高温では**還元性**が強くなり，また，**窒素ガス**と反応する。
4. **吸湿性**がある。

〈貯蔵，取扱い法〉

・必要に応じて**不活性ガス**（窒素など）を封入する。

〈消火方法〉

・**注水厳禁**
・**乾燥砂**か**粉末消火剤**で消火する。

(12) 炭化アルミニウム

〈性状〉

1. 純品は**無色**だが市販品は**黄色**を呈しているものが多い。
2. 自身は**不燃性**である。
3. 高温では**還元性**が強くなり，多くの**酸化物**を還元する。
4. **水**と反応して，可燃性の（空気より軽い）**メタンガス**を発生し，水酸化アルミニウムとなる。

〈貯蔵，取扱い法〉〈消火方法〉

⇒炭化カルシウムに同じ

(13) トリクロロシラン

〈性状〉

1. **無色**で**刺激臭**がある。
2. **水**と反応して**塩化水素**を発生する。
3. **引火点**が−14℃と低く，**燃焼範囲**も広いので（1.2〜90.5〔vol%〕），引火の危険性が高い。

〈貯蔵，取扱い法〉

・**酸化剤**を近づけない。

〈消火方法〉

・**注水厳禁**
・**乾燥砂**で消火する。

第3類危険物に属する各物質の問題

〈**カリウム**〉(⇒重要ポイントは P.140)

【問題1】

　カリウムの性状について，次のうち誤っているものはどれか。

(1)　銀白色で光沢のある軟らかい金属である。

(2)　吸湿性がある。

(3)　有機物に対して強い還元作用を示す。

(4)　空気中の水分と反応して酸素を発生する。

(5)　柔らかく，融点は100℃より低い。

解説

　空気中の水分と反応して<u>水素</u>を発生します（⇒P.176第3類危険物のまとめの(3)，①参照）。なお，(5)の融点は63.2℃です。

【問題2】

　カリウムの性状として，次のうち誤っているものはどれか。

(1)　原子は1価の陰イオンになりやすい。

(2)　空気中で加熱すると紫色の炎をあげて燃える。

(3)　常温（20℃）で水と接触すると，発火する。

(4)　空気に触れるとすぐに酸化される。

(5)　灯油や流動パラフィン中で貯蔵する。

解説

　次のように，カリウムの原子は1価の陽イオン（プラスの電気を帯びた原子のこと）になりやすい性質があります。

　$K \rightarrow K^+ + e^-$　（K^+の＋が1個⇒1価の陽イオン）

解答

　解答は次ページの下欄にあります。

【問題３】

カリウムとリチウムに共通する性状について，次のうちＡ〜Ｅのうち誤っているものはどれか。

A　銀白色の金属である。

B　比重は，１より小さい。

C　強い還元剤である。

D　炎にさらすと，炎色反応を示す。

E　酸化されやすいので，水中に保存する。

　(1)　A，C　　　　　(2)　B　　　　(3)　B，E

　(4)　B，D　　　　　(5)　E

解説

　ともに水とは反応して水素を発生するので，ともに灯油中などで貯蔵します。なお，Ｂは，カリウムの比重は0.86，リチウムの比重は0.53で，Ｄはカリウムは**紫色**，リチウムは**深赤色**を示します。

【問題４】

カリウムを貯蔵し，取り扱う場合，接触により爆発のおそれがない物質は，次のうちどれか。

(1)　水蒸気　　　(2)　水銀　　　　　　(3)　ハロゲン元素

(4)　フッ素　　　(5)　アルゴンガス

解説

　アルゴンは，いかなる条件下でも他の物質と反応しない完全不活性という特性を持ち，第３類危険物とも反応しません。

〈ナトリウム〉（⇒重要ポイントは P.140）

【問題５】 特急

ナトリウムの性状について，次のＡ〜Ｅのうち正しいものはいくつあるか。

A　淡紫色で光沢のある金属である。

B　水より重い。

解　答

【問題１】…(4)　　　　　　　　　　　　【問題２】…(1)

C　常温（20℃）以下の水とは反応しない。

D　灯油やエタノールとは反応しない。

E　酸化されやすい金属である。

　(1)　1つ　　　(2)　2つ　　　(3)　3つ

　(4)　4つ　　　(5)　5つ

解説

A　銀白色で光沢のある金属です。

B　比重が0.97なので，水より軽い物質です。

C　常温（20℃）以下でも水と反応します。

D　灯油は保護液として用いるので反応しませんが，水やエタノールなどのアルコールとは反応して，水素を発生します。

E　ナトリウムはカリウムとともに酸化されやすい物質です（還元性）。

　従って，正しいのは，Eの1つのみとなります。

【問題6】 ⊗特 急★

　ナトリウムの性状について，次のうち正しいものはどれか。

(1)　青白色の炎を出して燃える。

(2)　化学的に不活性でイオン化傾向が小さい。

(3)　空気中では酸化されて，光沢を失う。

(4)　アルカン（メタン系炭化水素）と接触すると発火する。

(5)　乾燥した空気と触れると，激しく発火する。

解説

(1)　ナトリウムの炎は黄色です。

(2)　問題文は逆で，化学的に活性でイオン化傾向が大きい物質です。

(3)　その通り。

(4)　アルカンとは，メタン系炭化水素，すなわち，鎖式炭化水素（炭素原子どうしが全て電子を1個ずつ出し合って結合（単結合）している）のことで，メタン，エタン，プロパンなどが該当しますが，それらと接触してもナトリウムは発火しません。

解　答

【問題3】…(5)　　　　　　　　　　　【問題4】…(5)

(5)　空気中の水分と反応して発火することはあっても，<u>乾燥した空気とは反応</u>
<u>しません</u>。

【問題７】　急行★

　ナトリウムの**性状**について，次のうち誤っているものはいくつあるか。

A　水と激しく反応する。

B　燃える時は，紫色の炎を出す。

C　二酸化炭素とは高温でも反応しない。

D　融点は，約98℃である。

E　水よりも軽い。

　(1)　１つ　　　(2)　２つ　　　(3)　３つ

　(4)　４つ　　　(5)　５つ

解説

A　ナトリウムは<u>水と反応して発熱し，**水素**を発生します</u>。

B　**黄色**の炎を出して燃焼します。

C　ナトリウムとカリウムは性質がよく似ていますが，ナトリウムのみにある
　性質として，「**酸，二酸化炭素**と激しく反応して発火，爆発する危険性があ
　る。」というのがあります。

D，Eはその通り。

　従って，誤っているのは，B，Cの２つになります。

【問題８】

　ナトリウム火災の消火方法として，次のA〜Eのうち適切なものの組合せは
どれか。

A　二酸化炭素消火剤を噴射する。

B　屋外の土砂で覆う。

C　乾燥炭酸ナトリウムで覆う。

D　ハロゲン化物消火剤を噴射する。

E　膨張真珠岩（パーライト）で覆う。

　(1)　AとC　　　(2)　AとD　　　(3)　BとD

解　答

【問題５】…(1)　　　　　　　　　　【問題６】…(3)

(4)　BとE　　　(5)　CとE

解説

　この問題は，「**第3類危険物の消火は，原則として乾燥砂で注水は厳禁（黄リン除く）**」ということを把握していれば解ける問題です。

　ナトリウム火災の消火方法としは，**乾燥砂（膨張ひる石，膨張真珠岩**含む）や金属火災用粉末消火剤，**炭酸ナトリウム**（ソーダ灰），石灰などを用い，**注水は厳禁**です。

　従って，CとEが適切です（Bの屋外の土砂は水分を含んでいるので不適切）。

〈アルキルアルミニウムとアルキルリチウム〉（⇒重要ポイントは P.141）

【問題9】　特急★

アルキルアルミニウムの性状について，次のうち誤っているものはどれか。

(1)　無色透明の液体で，比重は1より小さい。

(2)　空気中で自然発火する。

(3)　ヘキサン，ベンゼン等の炭化水素系溶媒に可溶である。

(4)　アルキル基の炭素数が多くなると反応性が高くなり，危険性が増す。

(5)　アルキル基をハロゲン元素（Clなど）で置換すると危険性は低下する。

解説

　アルキルアルミニウムと水および空気との反応性は，アルキル基（C_nH_{2n+1}で表される原子団）の炭素数やハロゲン数（塩素＝Clなどの元素数）が**多い**ほど**小さく**なります。

【問題10】　特急★

アルキルアルミニウムの性状について，次のうち正しいものはいくつあるか。

A　水とは反応しないが，アルコールとは反応してアルカンを生成する。

B　空気中の窒素と反応する。

C　衝撃により容易に爆発する。

D　ベンゼン，ヘキサン等で希釈したものは危険性が低減される。

解答

【問題7】…(2)　　　　　　　　　　【問題8】…(5)

E　一般的にはアルキル基とアルミニウムの化合物をさすが，塩素などのハロ
　　ゲンを含むものもある。
　　(1)　1つ　　　(2)　2つ　　　(3)　3つ
　　(4)　4つ　　　(5)　5つ

解説

A　アルキルアルミニウムは，水，アルコールとも反応して**アルカン**（鎖式飽
　　和炭化水素のことでメタンやエタン，プロパンなど）を生成します。
B　そもそもアルキルアルミニウムは，水や空気との接触をさけるため，窒素
　　やアルゴンなどの不活性ガスを注入した密閉容器で貯蔵するので，窒素とは
　　反応しません。
C　アルキルアルミニウムは，非常に危険性の高い危険物ですが，衝撃によっ
　　て爆発することはありません。
　（A，B，Cが誤り）
　従って，正しいのは，D，Eの2つになります。

【問題11】
　アルキルアルミニウムは，危険性を軽減するため，溶媒に希釈して貯蔵また
は取り扱われることが多いが，この溶媒として，適切なものは，次のうちいく
つあるか。
　　　水，ベンゼン，アルコール，アセトン，ヘキサン
　　(1)　1つ　　　(2)　2つ　　　(3)　3つ
　　(4)　4つ　　　(5)　5つ

解説

　アルキルアルミニウムは，その危険性を軽減するために，ヘキサンやベンゼ
ンなどの溶媒を使って貯蔵または取り扱われることがあります。

【問題12】　　急行★
　アルキルアルミニウムの貯蔵，取扱いについて，次のうち誤っているものは
どれか。

解　答
【問題9】…(4)　　　　　　　　　　　【問題10】…(2)

(1) 空気と接触すると発火するので，水中に貯蔵する。

(2) 身体に接触すると皮膚等をおかすので，保護具を着用して取扱う。

(3) 高温においては分解するので，加熱を避ける。

(4) 自然分解により容器内の圧力が上がり容器が破損するおそれがあるので，ガラス容器では長期間保存しない方がよい。

(5) 一時的に空になった容器でも，容器内に付着残留しているおそれがあるので，窒素など不活性のガスを封入しておく。

解説

 この問題は，「第3類危険物で水中貯蔵するのは**黄リンのみ**」というポイントを把握していれば解ける問題です。

アルキルアルミニウムは，空気だけではなく水とも激しく反応するので，水中ではなく**不活性ガス中**で貯蔵します。

【問題13】 🚶‍♂️ 急 行 ★

アルキルアルミニウムの火災について，少量で火勢が小さい場合の火勢を抑制する方法として，次のA～Eのうち有効なものはいくつあるか。

A　霧状の強化液消火剤を放射して火炎を覆う。

B　乾燥砂，けいそう土等を投入し，アルキルアルミニウムを吸収させる。

C　泡消火剤を放射してアルキルアルミニウムの表面を覆う。

D　炭酸水素ナトリウムを主体にした粉末消火剤を放射する。

E　比重の小さい膨張ひる石，膨張真珠岩等によりアルミニウムの表面を覆う。

(1)　1つ　　　(2)　2つ　　　(3)　3つ

(4)　4つ　　　(5)　5つ

解説

A，C　アルキルアルミニウムに水系の消火剤は厳禁です。

B，E　周囲に延焼しないよう，乾燥砂（膨張ひる石，膨張真珠岩含む）などに吸収させて火勢を弱らせます（有効）。

D　粉末消火剤を使用する場合，リン酸塩類等を使用する粉末消火剤は適応せ

解 答

問題11】…(2)

ず，炭酸水素ナトリウム等を含む粉末消火剤を用います（有効）。

従って，有効なものは，B，D，Eの３つになります。

【問題14】

アルキルリチウムと接触あるいは混合した場合に発熱反応が起きないものは，次のうちどれか。

(1)　酸化プロピレン　　　(2)　アセトン　　　(3)　メタノール

(4)　ヘキサン　　　　　　(5)　酢酸

解説

アルキルリチウムは，アルキルアルミニウムと同様な性状を示し，問題11の解説にあるように，その危険性を軽減するために，**ヘキサンやベンゼン**などの溶媒で希釈すると，その危険性が低くなります（⇒発熱反応は起きない）。

なお，同じ有機溶剤の**ヘプタン**とも発熱反応は起こさないので，注意してください。

【問題15】

アルキルリチウムの代表的なものであるノルマルブチルリチウムの記述について，次のA～Eのうち，正しいものを組合わせたものはどれか。

A　常温（20℃）では液体で水より重い。

B　アミンと反応して炭化水素を生成する。

C　ベンゼン，アルコールによく溶ける。

D　空気中におくと，発火する。

E　取扱いは，二酸化炭素中で行う必要がある。

(1)　AとC　　　(2)　AとE　　　(3)　BとD

(4)　BとE　　　(5)　CとD

解説

A　常温（20℃）で液体（黄褐色の液体）というのは正しいですが，水より**軽**い（比重：0.84）液体です。

B　その通り。

解　答

【問題12】…(1)　　　　　　　　　　　　【問題13】…(3)

C　誤り。ベンゼンにはよく溶けますが，アルコールには溶けず，逆に激しく反応します。

D　その通り。

E　誤り。アルキルアルミニウムやノルマルブチルリチウムは，二酸化炭素とも激しく反応するので不活性ガス中（窒素など）で行います。

【問題16】

ノルマルブチルリチウムの性状について，次のうち誤っているものはいくつあるか。

A　貯蔵容器には，不活性ガスを封入する。

B　アルコールとの反応性は小さい。

C　ヘプタンと接触すると発熱する。

D　ベンゼンやヘキサンなどのパラフィン系炭化水素によく溶ける。

E　空気中の水分や酸素とは激しく反応する。

(1)　1つ　　(2)　2つ　　(3)　3つ

(4)　4つ　　(5)　5つ

解説

A　窒素等の不活性ガスを封入した容器で貯蔵します。

B　アルコールとは激しく反応します。

C　ベンゼン，ヘキサンと同じく，ヘプタンとも反応しません。

D，E　その通り。

　従って，誤っているのは，BとCになります。

〈リチウム〉（⇒重要ポイントは P.142）

【問題17】

リチウムの性状について，次のうち正しいものはどれか。

(1)　融点は約100℃である。

(2)　アルミニウムより硬い。

(3)　ハロゲンとは反応しない。

(4)　密度は常温（20℃）において，固体の単体の中で最も小さい。

解　答

【問題14】…(4)　　　　　　　　　【問題15】…(3)

(5)　ナトリウムやカリウムより反応性に富む。

解説

 この問題は,「**リチウムは最も軽い金属である**」ということを知っていれば解ける問題です。

(1)　融点は約**180℃**です。
(2)　アルミニウムより<u>柔らかい</u>金属です。
(3)　<u>ハロゲンとは激しく反応</u>し,ハロゲン化物を生じます。
(4)　密度は常温(20℃)において,<u>固体の単体の中で最も小さい</u>。
(5)　ナトリウムやカリウムの方が反応性に富んでいます。

【問題18】

　リチウムの**性状**について,次のうち**誤っている**ものはいくつあるか。

A　銀白色の軟らかい金属である。
B　金属の中で最も比熱が大きい。
C　空気に触れると直ちに発火する。
D　水とは,ナトリウムよりも激しく反応する。
E　粉末状のものが空気と混合すると,自然発火することがある。

　　(1)　1つ　　　(2)　2つ　　　(3)　3つ
　　(4)　4つ　　　(5)　5つ

解説

A　ナトリウムやカリウムなどと同じく,<u>銀白色</u>の金属です。
B　リチウムは<u>すべての金属中で一番比熱が大きい</u>金属です。
C　第3類の危険物は,自然発火性と禁水性の両方の性状を有していますが,このリチウムには,自然発火性の性状はなく(⇒<u>自然発火性の試験において一定の性状を示さない</u>,ということ。なお,粉末状の場合は常温で発火することがあります。)**禁水性**の性状です。
D　リチウムは<u>水とは激しく反応します</u>が,カリウムやナトリウムよりは反応性の<u>低い</u>金属です。

解　答

【問題16】…(2)　　　　　　　　　　　　　　【問題17】…(4)

E　その通り。

従って, 誤っているのは, C, Dの2つのみとなります。

〈**バリウム**〉（ポイントは省略してあります）

【**問題19**】

バリウムの性状について, 次のうち誤っているものはいくつあるか。

A　淡黄色の油状の液体である。

B　水とは常温（20℃）で激しく反応し, 酸素を発生する。

C　ハロゲンとは常温（20℃）で激しく反応し, ハロゲン化物を生成する。

D　炎色反応は赤紫色を呈する。

E　空気中で常温（20℃）で表面が酸化される。

(1)　1つ　　　(2)　2つ　　　(3)　3つ

(4)　4つ　　　(5)　5つ

|解説|

A　バリウムなどのアルカリ金属やアルカリ土類金属は, いずれも<u>銀白色</u>の軟らかい金属です。

B　水と反応して発生するのは, 水素です。

C　その通り。

D　炎色反応は**黄緑色**です。

E　その通り。

従って, 誤っているのは, A, B, Dの3つです。

〈**カルシウム**〉（⇒重要ポイントは P.142）

【**問題20**】

カルシウムの性状について, 次のうち誤っているものはどれか。

(1)　銀白色の金属である。

(2)　水と反応して水素を発生する。

(3)　空気中で加熱すると, 燃焼して酸化カルシウム（生石灰）を生じる。

(4)　水素と高温（200℃以上）で反応し, 水素化カルシウムが生じる。

(5)　可燃性であり, かつ, 反応性はナトリウムより大きい。

|解　答|

【問題18】…(2)

解説

　この問題は，「アルカリ金属である**カリウムとナトリウム**の反応性は**大きい**」ということを把握していれば，解答が予想できる問題です。

　反応性は，カリウムやナトリウムよりも<u>小さい</u>金属です（可燃性は正しい）。

【問題21】

　カルシウムの性状について，次のうち正しいものはどれか。
- (1)　水より軽い金属である。
- (2)　空気中に放置すると表面に硝酸塩ができやすい。
- (3)　石油またはメタノール中に保存する。
- (4)　常温（20℃）では電気伝導性がない。
- (5)　水を加えると水素を発生し，溶液はアルカリ性となる。

解説

- (1)　比重が1.55なので，水より<u>重い</u>金属です。
- (2)　空気中に放置すると，炭酸カルシウムなどが表面にできやすくなります。
- (3)　カルシウムは保護液ではなく，金属製容器に入れて密閉し，<u>冷所に貯蔵</u>します。
- (4)　カルシウムは<u>電気をよく通す</u>金属です。

【問題22】

　カルシウムの性状について，次の文の（　）内のA～Cに入る語句の組合わせとして正しいものはどれか。

　「（A）の金属であり，空気中で強熱すると（B）の炎をあげて燃焼する。また，水と反応すると（C）を発生する。」（同じ）

	A	B	C
(1)	銀白色	橙赤色	酸素
(2)	青白色	黄緑色	酸素
(3)	銀白色	橙赤色	水素

解 答

【問題19】…(3)　　　　　　　　　【問題20】…(5)

(4)　青白色　　　　黄緑色　　　　水素
(5)　銀白色　　　　黄緑色　　　　水素

解説

　正しくは,「(A：銀白色)の金属であり,空気中で強熱すると (B：橙赤色) の炎をあげて燃焼する。また,水と反応すると (C：水素) を発生する。」となります。

〈黄リン〉(⇒重要ポイントは P.142)

【問題23】　急 行★

　黄リンの性状について,次のうち誤っているものはどれか。

(1)　常温(20℃)において,淡黄色の固体である。
(2)　アルコールには溶けないが,二硫化炭素には溶ける。
(3)　毒性が強く,蒸気を吸うことも危険である。
(4)　空気に触れないように,水中に貯蔵する。
(5)　空気を遮断した密閉容器内で長時間にわたり加熱すると,硫化リンに変化する。

解説

　硫化リン(第2類危険物)ではなく,**赤リン**に変化します。

【問題24】　特 急★★

　黄リンの性状について,次のうち誤っているものはどれか。

(1)　水や二硫化炭素にわずかしか溶けない。
(2)　発火点が極めて低く,発火しやすい。
(3)　強アルカリ溶液と反応して,リン化水素を発生する。
(4)　空気中で燃焼すると,十酸化四リン(五酸化二リン)等を発生する。
(5)　濃硝酸と反応して,リン酸を生じる。

解説

　黄リンは,水には溶けませんが,**二硫化炭素やベンゼン**などの有機溶媒には

解　答

【問題21】…(5)　　　　　　　　　　【問題22】…(3)

よく溶けます。なお，(2)の発火点は，**34～44℃**で，(4)の十酸化四リンの化学式は P_4O_{10} です。

【問題25】　🚃 急行 ⭐

黄リンの性状について，次のＡ～Ｅのうち正しいものはいくつあるか。

A　水と反応して可燃性のガスを発生する。

B　発火点は，100℃より高い。

C　人体に有害である。

D　濃硝酸と反応して，リン酸を生じる。

E　空気中に放置すると，発火することがある。
- (1)　1つ　　　(2)　2つ　　　(3)　3つ
- (4)　4つ　　　(5)　5つ

解説

A　黄リンは水中貯蔵することからもわかるように，<u>水とは反応しません</u>。

B　黄リンの発火点は，**34～44℃**です。

　従って，正しいのは，C，D，Eの3つになります。

　なお，Eについては，固形状より**粉末状**の方が自然発火しやすくなります。

【問題26】　🚃 急行 ⭐

黄リンの性状について，次のうち誤っているものはどれか。
- (1)　極めて反応性に富み，ハロゲンとも反応する。
- (2)　無機物とはほとんど反応しない。
- (3)　水酸化ナトリウムなどの強アルカリ溶液と反応して，リン化水素を発生する。
- (4)　暗所では青白色の光を発する。
- (5)　酸化されやすい物質である。

解説

　黄リンは，無機物である**酸化剤**と激しく反応して発火する危険性があります。

解　答

【問題23】…(5)　　　　　　　　　　【問題24】…(1)

【問題27】 　急行★

　黄リンを貯蔵し，または取扱う際の注意事項として，次のうち誤っているものはどれか。

(1)　発火点は34〜44℃と極めて低いので　注意して取り扱う。

(2)　空気中で徐々に酸化され，自然発火を起こす危険性があるので，水中に貯蔵する。

(3)　酸化剤との接触を避ける。

(4)　皮膚をおかすことがあるので，触れないようにする。

(5)　水中で徐々に酸化され，水を酸性に変えるので，保護液を強アルカリ性に保つようにする。

解説

　黄リンは，(2)の記述のように水中に貯蔵する必要がありますが，それでも徐々に酸化され，水が**酸性**になるので，それを避けるため，保護液は**弱**アルカリ性に保つ必要があります。

【問題28】 　急行★

　黄リンの貯蔵，取扱いに関する次のＡ〜Ｄについて，正誤の組合わせとして，正しいものはどれか。

Ａ　毒性はきわめて強く，皮膚等に触れないよう取扱いには十分注意する。

Ｂ　有毒な可燃性ガスを発生するので，アルカリとは接触しないようにする。

Ｃ　空気に触れないようにベンゼン溶液中に密封して貯蔵する。

Ｄ　直射日光を避け，冷暗所に貯蔵する。

解　答

【問題25】…(3)　　　　　　　　【問題26】…(2)

	A	B	C	D
(1)	○	○	×	○
(2)	○	×	○	○
(3)	×	○	×	×
(4)	×	×	×	○
(5)	×	○	○	×

注：表中の○は正，×は誤を表するものとする。

解説

B　強アルカリと接触すると，有毒な**リン化水素**を発生します。

C　ベンゼン溶液中ではなく，**弱アルカリ性の水中**に貯蔵します。

（Cのみ×）

【問題29】　急行

黄リンの消火方法として，次のうち適切でないものはいくつあるか。

A　高圧で注水する。

B　泡消火剤で放射する。

C　二酸化炭素消火剤で放射する。

D　乾燥砂で覆う。

E　噴霧注水を行う。

(1)　1つ　　　(2)　2つ　　　(3)　3つ

(4)　4つ　　　(5)　5つ

解説

黄リンの火災には，噴霧注水，乾燥砂（土砂含む），泡消火剤，粉末消火剤などを放射して消火するので，A，Cが不適切です。

解　答

【問題27】…(5)

〈**ジエチル亜鉛**〉（⇒重要ポイントは P.143）

【問題30】

　ジエチル亜鉛の性状について，次のA～Eのうち，誤っているものを組合せたものはどれか。

A　無色の液体である。

B　比重は１より大きい。

C　メタノールに可溶である。

D　空気中で直ちに自然発火する。

E　水と激しく反応して，アセチレンガスを発生する。

　(1)　AとC　　　(2)　AとD　　　(3)　BとD

　(4)　BとE　　　(5)　CとE

解説

B　ジエチル亜鉛の比重は**1.21**です。

C　ジエチル亜鉛は，**水**や**酸**のほか，メタノールなどの**アルコール**とも激しく
　反応して可燃性の**エタンガス**を発生します。

E　Cより，水と激しく反応して，**エタンガス**を発生します。

　（C，Eが誤り）

【問題31】

　ジエチル亜鉛について，次のA～Eのうち誤っているものはいくつあるか。

A　ジエチルエーテルやベンゼンに溶ける。

B　空気中で容易に酸化して発火する。

C　引火性の液体である。

D　窒素等の不活性ガス中で貯蔵する。

E　大量の水で消火する。

　(1)　１つ　　　(2)　２つ　　　(3)　３つ

　(4)　４つ　　　(5)　５つ

解　答

【問題28】…(1)　　　　　　　　　　【問題29】…(2)

解説

A　その他，トルエンやヘキサンなどの有機溶媒にも溶けます。

B～D　正しい。

E　注水は厳禁で，**粉末消火剤**や**乾燥砂**を用いて消火します。

〈**水素化ナトリウム**〉(重要ポイントは P.143)

【問題32】

水素化ナトリウムの性状について，次のうち正しいものはどれか。

(1)　比重は１より小さい。

(2)　粘性のある液体である。

(3)　高温でナトリウムと水素に分解する。

(4)　酸化性が強い。

(5)　水とは反応しない。

解説

 この問題は，「水素化ナトリウム (NaH) の名前より⇒水素とナトリウム」というところから解答が予想できる問題です。

(1)　比重が**1.40**なので，１より大きい物質です。

(2)　水素化ナトリウムは液体ではなく**灰色の結晶**です。

(4)　水素化ナトリウムは**還元性**が強い物質です。

(5)　水と激しく反応して，**水素**を発生します。

【問題33】　急行

水素化ナトリウムの性状について，次のうち誤っているものはどれか。

(1)　灰色の粉末である。

(2)　ベンゼン，二硫化炭素には溶けない。

(3)　還元性が強く，金属塩化物，金属酸化物から金属を遊離する。

(4)　加熱によりナトリウムと水素に分解することがある。

(5)　空気中の湿気で自然発火することがある。

解　答

【問題30】 …(5)　　　　　　　　　【問題31】 …(1)

解説

　灰色というのは正しいですが，粉末ではなく**結晶**です（結晶は原子や分子が規則正しく配列している**構造**のものをいうのに対し，粉末は単に固体が非常に細かく砕けた状態の**大きさ**を表す）。

〈水素化リチウム〉（⇒重要ポイントは P.144）

【問題34】
　水素化リチウムの性状について，次のうち誤っているものはどれか。

(1)　酸化性を有する。
(2)　皮膚や眼を強く刺激する。
(3)　乾燥空気中では安定である。
(4)　有機溶媒に溶けない。
(5)　二酸化炭素とは激しく反応するので，消火には使用できない。

解説

　水素化リチウムは水素化ナトリウムと同じく，還元性を有する物質です。

【問題35】　　急行★

　水素化リチウムの性状について，次のうち誤っているものはどれか。

(1)　水と反応して分解され，水素を発生する。
(2)　粘性のある液体である。
(3)　水よりも軽い結晶性の固体である。
(4)　常温（20℃）では塩素や酸素とは反応しない。
(5)　還元剤として利用される。

解説

　この問題は，「第3類危険物で液体のものは，**アルキルアルミニウム，アルキルリチウム，トリクロロシラン，ジエチル亜鉛のみ**（⇒第3類危険物の総まとめの(5)参照）」ということを把握していれば，解ける問題です（⇒P.177）。

解　答

【問題32】…(3)　　　　　　　　　　【問題33】…(1)

水素化リチウムは水素化ナトリウムと同じく，液体ではなく**灰色の結晶**です。なお，(3)については，比重が**0.82**なので，正しい。

〈リン化カルシウム〉（⇒重要ポイントは P.144）
【問題36】 🚄特急 ★

リン化カルシウムの性状について，次のうち**誤っているもの**はどれか。

(1) 赤褐色の結晶である。
(2) 比重は１より大きい。
(3) 融点は低く，約100℃で液化する。
(4) 湿気と反応し，毒性の強い可燃性の気体が発生する。
(5) 空気中で燃焼すると，毒性のあるリン酸化物が生じる。

解説

(1) リン化カルシウムは，**暗赤色**または**赤褐色**の結晶（または結晶性粉末）です。
(3) リン化カルシウムの融点（固体が溶けて液体になるときの温度）は，**1600℃以上**です。
(5) なお，毒性のあるリン酸化物とは，**十酸化四リン（五酸化二リン）**です。

【問題37】 🚃急行 ★

リン化カルシウムの性状について，次のうち**誤っているもの**はどれか。

(1) 暗赤色の結晶性粉末または灰色の塊状物である。
(2) 乾燥した空気中で，自然発火する。
(3) 水よりも重い。
(4) 火災の際に，有毒な酸化物が生じる。
(5) 水と反応して，可燃性の気体が発生する。

解説

　リン化カルシウムは自然発火性（および禁水性）の物質ですが，それは，空気中の湿気などの**水分**と反応して（猛毒で）自然発火性の**リン化水素＊**を発生するからであり，湿気のない乾いた空気中では自らは**不燃性**なので，自然発火はしません。

解　答

【問題34】…(1)　　　　　　　　　　【問題35】…(2)

（＊リン化水素：ホスフィンともいい，**可燃性，無色**で**不快臭**のある気体）

【問題38】 ⚙急行★

　リン化カルシウムの性状について，次のうち誤っているものはどれか。

(1) 強酸化剤と激しく反応する。

(2) 常温（20℃）の乾燥空気中で，安定である。

(3) 水分と接触すると，有毒で自然発火性のガスを発生する。

(4) 結晶性粉末または塊状の固体である。

(5) 水や酸と激しく反応し，可燃性のアセチレンガスを発生する。

解説

(3) 有毒で自然発火性のガスとは，**リン化水素（ホスフィン）**です。なお，このリン化水素（ホスフィン）ですが，「**毒性の強い可燃性の気体**」「**有毒で自然発火性のガス**」という表現でも出題されているので，「**＝リン化水素**」だと認識できるようにしておいてください。

(5) リン化カルシウムが水や酸と反応した際に発生するガスは，**リン化水素（ホスフィン）**です（水と反応してアセチレンガスを発生するのは，同じ第3類危険物の**炭化カルシウム**です）。

【問題39】

　リン化カルシウムの性状について，次のA～Eのうち誤っているものの組合せはどれか。

A　エタノールによく溶ける。

B　非常に強く加熱すると，有毒な物質が生じる。

C　酸素や硫黄と高温（300℃以上）で反応する。

D　空気中の水分と反応して，リン酸化物が生じる。

E　暗赤色の結晶である。

(1)　AとC　　　(2)　AとD　　　(3)　BとD

(4)　BとE　　　(5)　CとE

解　答

【問題36】…(3)　　　　　　　　　【問題37】…(2)

解説

A　リン化カルシウムは，エタノールやエーテルなどには溶けません。

B　非常に強く加熱すると，**リン化水素（ホスフィン）**を生じます。

C　300℃以上で**酸素，硫黄**のほか**ハロゲン**などとも反応します。

D　リン化カルシウムは，空気中の水分と反応して**リン化水素（ホスフィン）**を発生しますが，リン化水素（PH₃）はリン酸化物ではありません。

E　その通り。

　従って，誤っているものの組合せは，(2)のＡとＤになります。

〈**炭化カルシウム**〉(⇒重要ポイントは P.144)

【問題40】 😀特急★★

　炭化カルシウムの性状等について，次のうち誤っているものはどれか。

(1)　一般に流通しているものは，不純物として硫黄，リン，窒素，けい素等を含んでいる。

(2)　比重は１より大きい。

(3)　水と接触すると可燃性の気体を発生する。

(4)　火炎を近づけると激しく燃える。

(5)　水と接触すると発熱する。

解説

　この問題は，「第３類危険物の総まとめの(6)不燃性のもの（⇒**リン化カルシウム，炭化カルシウム，炭化アルミニウム**)」というポイントを把握していれば解ける問題です（⇒P.177）。

(1)　その通り。

(2)　炭化カルシウムの比重は**2.2**です。

(3)　可燃性の気体というのは，**アセチレンガス**（C₂H₂）で，炭化カルシウムが水と反応すると，このアセチレンガスを発生して，水酸化カルシウム（消石灰）になります。

(4)　炭化カルシウム自身は**不燃性**なので，炎を近づけても燃えません。

(5)　(3)で説明しましたように，炭化カルシウムが水と接触すると，**アセチレン**

解　答

【問題38】…(5)　　　　　　　　【問題39】…(2)

ガスと**熱**を発生します。

【問題41】　🚃 急 行 ★

　炭化カルシウムの性状について，次のうち誤っているものはどれか。

(1)　純粋なものは白色であるが，一般には灰色の固体である。
(2)　それ自体は不燃性である。
(3)　水と反応して発生する可燃性気体は，空気より重い。
(4)　貯蔵容器は密封する。
(5)　融点は1,000℃より高い。

解説

(3)　前問の(3)より，可燃性気体であるアセチレンガスは，空気より<u>軽い</u>気体です。
(5)　炭化カルシウムの融点は2,300℃です。

【問題42】　🚃 急 行 ★

　炭化カルシウムの性状について，次のうちＡ～Ｅのうち正しいものはいくつあるか。

Ａ　水と反応して生石灰と水素を生成する。
Ｂ　吸湿性がある。
Ｃ　純粋なものは灰黒色の粉体であり，粉じん爆発を起こすことがある。
Ｄ　貯蔵容器には，通気孔を設けたものを使用する。
Ｅ　高温では強い酸化性を有し，多くの物質を酸化する。
　(1)　1つ　　(2)　2つ　　(3)　3つ
　(4)　4つ　　(5)　5つ

解説

Ａ　問題40の(3)より，炭化カルシウムが水と反応すると，生石灰ではなく**消石灰（水酸化カルシウム）**を生じ，また，水素ではなく**アセチレンガス**を発生します。
Ｂ　その通り。

解　答

【問題40】…(4)

C　純粋なものは**無色透明の結晶**で，不純物が混じったものが灰色または灰黒色の固体です。

D　貯蔵容器は，ほとんどの危険物と同じく，**密封**します。

E　高温では強い**還元性**（酸化物から酸素を奪うこと，または水素と結合あるいは電子を与えること）を有し，多くの物質を**還元**します。

　　従って，正しいものは，Ｂのみとなります。

【問題43】

　炭化カルシウムの性状について，次のうち誤っているものはいくつあるか。

A　炭素とカルシウムからなる化合物で，別名カーバイトともいう。

B　純粋なものは，常温（20℃）で無色または白色の正方晶系の結晶である。

C　高温では，還元性を有し，かつ，窒素とも反応する。

D　水と反応して発生したアセチレンガスは，銅，銀，水銀と接触しても爆発性物質を作ることはない。

E　常温（20℃）では常に安定している。

　　(1)　1つ　　　(2)　2つ　　　(3)　3つ
　　(4)　4つ　　　(5)　5つ

解説

D　アセチレンガスが，銅，銀，水銀と接触すると，爆発性物質を作ります。

E　常温（20℃）でも，乾燥した空気中では安定していますが，湿気などの水分があると，反応して**アセチレンガス**と**熱**を発生することがあります。

　　従って，誤っているのは，ＤとＥの２つになります。

〈**炭化アルミニウム**〉（⇒重要ポイントは P.145）

【問題44】

　炭化アルミニウムについて，次の文の（　）内のＡ〜Ｃに入る語句の組み合わせとして，正しいものはどれか。

　　「純粋なものは常温（20℃）で無色の結晶だが，通常は（Ａ）を呈していることが多い。触媒や乾燥剤，（Ｂ）などとして使用される。また水と作用して（Ｃ）を発生し，発熱する。」

解　答

	A	B	C
(1)	黄色	酸化剤	メタン
(2)	灰色	還元剤	エタン
(3)	黄色	還元剤	メタン
(4)	灰色	酸化剤	エタン
(5)	黄色	還元剤	エタン

解説

正しくは，次のようになります。

「純粋なものは常温（20℃）で無色の結晶だが，通常は（**黄色**）を呈していることが多い。触媒や乾燥剤，（**還元剤**）などとして使用される。また水と作用して（**メタン**）を発生し，発熱する。」

〈**トリクロロシラン**〉（⇒重要ポイントは P.145）

【問題45】

トリクロロシランの性状について，次の文の下線部（A）〜（D）のうち，誤っているものはどれか。

「トリクロロシランは，常温（20℃）において（A）無色の（B）液体で，引火点は常温（20℃）より低いが，燃焼範囲が（C）狭いため，引火の危険は低い。しかし，（D）水と反応して，塩化水素を発生するので危険である。」

(1)（A）　　　(2)（B）　　　(3)（C）
(4)（C）（D）　　　(5)（D）

解説

トリクロロシランは，**有毒**で**揮発性**のある**無色**の**液体**で，その蒸気と空気の混合ガスは広い範囲で爆発性を有するので，**燃焼範囲は広く，引火の危険性が高い**危険物です。なお，引火点は**−14℃**です。

【問題46】

トリクロロシランの性状について，次の文の下線部（A）〜（D）のうち，

解答

【問題43】…(2)

正しいものはどれか。

　「トリクロロシランは，常温（20℃）において無色の（A）結晶で，引火点は常温（20℃）より（B）高い，また，（C）水と反応して，（D）塩素を発生するので危険である。」

(1)　（A）と（B）　　　(2)　（B）と（D）　　　(3)　（B）

(4)　（C）　　　　　　(5)　（D）

解説

　前問と文言だけ異なっているだけで，ほぼ同じ問題なので，正しくは，（A）が**液体**，（B）が**低い**，（D）が**塩化水素**となります。

〈総合〉

【問題47】

　次の第３類危険物の物質のうち，比重が１より小さいものはいくつあるか。

A　水素化ナトリウム　　　B　ナトリウム　　　C　ジエチル亜鉛

D　リチウム　　　　　　　E　カルシウム

(1)　１つ　　(2)　２つ　　(3)　３つ

(4)　４つ　　(5)　５つ

解説

　第３類危険物の物質のうち，比重が１より小さいものは，次のとおりです(主なもの)。

　カリウム，ナトリウム，ノルマルブチルリチウム，リチウム，水素化リチウム

　従って，Bのナトリウム，Dのリチウムの２つになります。

【問題48】　　特急★

　次の第３類危険物のうち，物質の形状（色）が無色であるものは，いくつあるか。

A　カリウム　　　　　　　B　ジエチル亜鉛　　　C　炭化アルミニウム

D　水素化ナトリウム　　　E　ナトリウム

解　答

【問題44】…(3)　　　　　　　　　　【問題45】…(3)

(1)　1つ　　　(2)　2つ　　　(3)　3つ

(4)　4つ　　　(5)　5つ

解説

　第3類危険物で，無色なものは，アルキルアルミニウム，ジエチル亜鉛，炭化アルミニウムなどです。

　従って，Bのジエチル亜鉛とCの炭化アルミニウムの2つになります。

　なお，Aのカリウムとeのナトリウムが銀白色，Dの水素化ナトリウムは灰色です。

【問題49】　急行★

　次のうち，水と反応した際に水素ガスを発生するものは，いくつあるか。

A　炭化アルミニウム　　　　　B　ナトリウム

C　カルシウム　　　　　　　　D　トリクロロシラン

E　アルキルアルミニウム

(1)　1つ　　　(2)　2つ　　　(3)　3つ

(4)　4つ　　　(5)　5つ

解説

　第3類危険物のうち，水と反応して水素を発生するものは次のとおりです。

　カリウム，ナトリウム，リチウム，バリウム，カルシウム，水素化ナトリウム，水素化リチウム

　従って，BのナトリウムとCのカルシウムの2つになります。

【問題50】　特急★★

　次の表は，第3類危険物とその物質が水と反応した際に発生するガスをまとめたものである。誤っているものはいくつあるか。

解　答

【問題46】…(4)　　　　　　　【問題47】…(2)　　　　　　　【問題48】…(2)

	物質	発生するガス
A	リン化カルシウム	アセチレンガス
B	トリクロロシラン	塩化水素
C	黄リン	水素
D	ジエチル亜鉛	エタンガス
E	アルキルアルミニウム	水素
F	炭化カルシウム	メタンガス

(1)　1つ　　　(2)　2つ　　　(3)　3つ

(4)　4つ　　　(5)　5つ

解説

A　リン化カルシウムが水と反応した際は**リン化水素**を発生します。

C　黄リンは<u>水とは反応しません</u>。

E　アルキルアルミニウムの場合は，水と反応するのではなく，**加熱**により（＝高温において）**水素**のほか，エタン，エチレンなどを発生します。

F　炭化カルシウムが水と反応した際は，**アセチレンガス**を発生します。

従って，誤っているのは，A，C，E，Fの4つになります。

【問題51】　特急★★

次の第３類危険物のうち，液体のものはいくつあるか。

A　ナトリウム　　　　　　B　トリクロロシラン

C　アルキルアルミニウム　D　リチウム

E　ジエチル亜鉛

(1)　1つ　　　(2)　2つ　　　(3)　3つ

(4)　4つ　　　(5)　5つ

解説

第３類危険物で，液体のものは次のとおりです。

アルキルアルミニウム，アルキルリチウム，<u>トリクロロシラン</u>，<u>ジエチル亜鉛</u>

解　答

【問題49】…(2)

従って，B，C，Eの3つが正解です。

なお，AのナトリウムとDのリチウムは固体です。

【問題52】 ☺特急★

次の第3類危険物のうち，**不燃性のものはいくつあるか。**

A　カリウム　　　　　　B　アルキルアルミニウム
C　炭化アルミニウム　　D　リン化カルシウム
E　黄リン
　(1)　1つ　　　(2)　2つ　　　(3)　3つ
　(4)　4つ　　　(5)　5つ

解説

第3類危険物のうち，不燃性のものは次のとおりです。

<u>リン化カルシウム，炭化カルシウム，炭化アルミニウム</u>

従って，Cの炭化アルミニウムとDのリン化カルシウムの2つになります。

【問題53】 ☺特急★

次の第3類危険物と保護液等との組合せにおいて，**誤っているもの**はいくつあるか。

	物質	保護液等
A	ナトリウム	灯油
B	ノルマルブチルリチウム	アルゴン
C	ジエチル亜鉛	流動パラフィン
D	黄リン	灯油
E	水素化ナトリウム	不活性ガス

　(1)　1つ　　　(2)　2つ　　　(3)　3つ
　(4)　4つ　　　(5)　5つ

解説

Cのジエチル亜鉛は**不活性ガス中**で貯蔵し，また，Dの黄リンは**水中貯蔵**します。

解　答

【問題50】…(4)　　　　　　　　　　【問題51】…(3)

従って，ＣとＤが誤りです。

【問題54】

次の第３類危険物と消火方法との組合せにおいて，**不適切な組合せはいくつあるか。**

	物質	消火方法
A	ジエチル亜鉛	注水消火
B	黄リン	ハロゲン化物消火剤で消火
C	炭化カルシウム	粉末消火剤
D	ナトリウム	二酸化炭素消火剤で消火
E	リチウム	乾燥砂で消火する

　(1)　１つ　　　(2)　２つ　　　(3)　３つ

　(4)　４つ　　　(5)　５つ

解説

A　ジエチル亜鉛は粉末消火剤で消火し，**注水は厳禁**です。

B　黄リンにハロゲン化物消火剤を使用すると，有毒ガスを発生します。

D　ナトリウムは二酸化炭素とは激しく反応するので不適切です。

　（Ｃ，Ｅは正しい。）

　従って，不適切な組合せは，Ａ，Ｂ，Ｄの３つになります。

第3類危険物の総まとめ

（1）比重は1より大きいものと小さいものがある。

　比重が1より小さいもの（主なもの）を覚える。

　⇒カリウム，ナトリウム，ノルマルブチルリチウム，リチウム，水素化リチウム

（2）色

　・金属（ナトリウム，カリウムなど）は**銀白色**，

　・カルシウム系は**白**か**無色**（リン化カルシウムは**暗赤色**）

　・アルキルアルミニウム，ジエチル亜鉛，炭化アルミニウムなどは**無色**

（3）発生するガスの種類

　①　水と反応して**水素**を発生するもの

　　　カリウム，ナトリウム，リチウム，バリウム，カルシウム，水素化ナトリウム，水素化リチウム

　②　水と反応して**リン化水素**を発生するもの

　　　リン化カルシウム

　③　水と反応して**アセチレンガス**を発生するもの

　　　炭化カルシウム

　④　水と反応して**メタンガス**を発生するもの

　　　炭化アルミニウム

　⑤　水と反応して**塩化水素**を発生するもの

　　　トリクロロシラン

　⑥　水（酸，アルコール）と反応して**エタンガス**を発生するもの

　　　ジエチル亜鉛

　⑦　加熱により水素を発生するもの

　　　アルキルアルミニウム

　　　（その他，エタン，エチレン，塩化水素等も発生する）

（4）**ハロゲン**（**塩素**など）と反応するもの

　　カリウム，バリウム，ナトリウム，リチウム（⇒カバナリ）

（5）液体のもの

アルキルアルミニウム，アルキルリチウム，トリクロロシラン，ジエチル亜鉛

> こうして覚えよう！
>
> <u>駅</u> を <u>歩く</u>　<u>鳥</u> には　　<u>会えん</u>
> 液体　アルキル　トリクロロ，（ジエチル）亜鉛

（6）不燃性のもの

リン化カルシウム，炭化カルシウム，炭化アルミニウム（その他は可燃性）

（7）保護液等に貯蔵するもの
　①　**灯油中**に貯蔵するもの
　　　ナトリウム，カリウム，リチウム，バリウム
　②　**窒素やアルゴン**などの**不活性ガス中**に貯蔵するもの
　　　アルキルアルミニウム，ノルマルブチルリチウム，ジエチル亜鉛
　　　水素化ナトリウム，水素化リチウム
　③　**水中**に貯蔵するもの
　　　黄リン

（8）消火の方法

原則として**乾燥砂**（膨張ひる石，膨張真珠岩含む）で消火し，**注水は厳禁**である。

〈例外〉
　①　注水消火するもの：**黄リン**
　②　粉末消火剤が有効なもの：ジエチル亜鉛，炭化カルシウム，炭化アルミニウム，トリクロロシラン
　③　消火が困難なもの：アルキルアルミニウム，ノルマルブチルリチウム
　④　**ハロゲン化物**と**二酸化炭素**は適応しない。

第5章

第5章

第5類の危険物

第5類に共通する特性の重要ポイント

（1）共通する性状

1. 可燃性の**固体**または**液体**である。
2. 水より**重い**（比重が1より大きい。）
3. 分子内に**酸素***を含有している**自己反応性物質**である（⇒可燃物と酸素供給源が共有している）。（*アジ化ナトリウムなどは酸素を含まない）。
4. 燃焼速度がきわめて**速い**。
5. **加熱，衝撃**または**摩擦等**により，発火，爆発することがある。
6. **自然発火**を起こすことがある（ニトロセルロースなど）。
7. **引火性**を有するものがある（硝酸エチルなど）。
8. 水とは反応しない。
9. 金属と反応して，**爆発性の金属塩**を生じるものがある。

（2）貯蔵および取扱い上の注意

1. 火気や加熱などをさける。
2. 密栓して通風のよい冷所に貯蔵する。
3. 衝撃，摩擦などをさける。
4. 分解しやすい物質は，特に**室温，湿気，通風**に注意する。
5. 乾燥させると危険な物質があるので，注意する。

（3）消火の方法

　第5類の危険物は，爆発的に燃焼するため，**消火は非常に困難**（特に**多量の場合は，非常に困難**）ですが，一般的には，**水系**（**大量の水や強火液，泡消火剤**など）の消火剤で消火します（⇒**二酸化炭素，ハロゲン，粉末は不可**）。なお，**乾燥砂等**も適応します。

　（注：アジ化ナトリウムは**注水厳禁**で，乾燥砂等を用いて消火します。）

第5類に共通する特性のまとめ

共通する性状	可燃性の**固体**または**液体**で，比重が**1より大きい自己反応性物質**で，**水**とは反応せず，**加熱**，**衝撃**または**摩擦等**により，**発火**，**爆発**することがある。
貯蔵，取扱い方法	**火気**，**衝撃**，**摩擦**等を避け，**密栓**して換気のよい**冷所**に貯蔵する。

消火方法	適応する消火剤	適応しない消火剤
	・水系の消火剤（水，強化液，泡） ・乾燥砂など	・二酸化炭素消火剤 ・ハロゲン化物消火剤 ・粉末消火剤
	〈例外〉 **アジ化ナトリウムは水系厳禁（注水厳禁！）**	

第5類の危険物に共通する特性の問題

〈第5類に共通する性状〉(⇒重要ポイントは P.180)

【問題1】 急行★

第5類の危険物の性状について，次のうち誤っているものはどれか。

(1) 固体のものは，水に溶ける。
(2) 直射日光により自然発火するものがある。
(3) 加熱すると，人体に有害なガスを発生するものがある。
(4) 引火性を有するものがある。
(5) 鉄製容器（内部を樹脂等で被覆していないもの）を使用できないものがある。

解説

> この問題は，「ほとんどの第5類危険物は**水には溶けない。**」という
> ことを把握していれば，解答が予想できる問題です。

(1) 固体のものが全て水に溶けるわけではなく，**過酸化ベンゾイル**や**トリニトロトルエン**などは水に溶けません。
(2) **ニトロセルロース**は，直射日光や加熱によって分解し，自然発火することがあります。
(3) **アゾビスイソブチロニトリル**を融点以上に加熱すると，**シアン化水素（青酸ガス）**と窒素を発生します。
(4) **硝酸メチル**や**硝酸エチル**などは引火性物質です。
(5) **硫酸ヒドロキシルアミン**は，鉄製容器を使用すると腐食するので，ガラス製の容器などに貯蔵します。

【問題2】 特急★★

第5類の危険物に共通する性状について，次のうち正しいものはどれか。

(1) 引火性である。
(2) 水に溶けない。

解答

解答は次ページの下欄にあります。

(3)　金属と反応して分解し，自然発火する。

(4)　燃焼または加熱分解が速い。

(5)　分子内に窒素と酸素を含有している。

解説

(1)　**硝酸エチルや硝酸メチル**などは引火性ですが（その他，**過酢酸，メチルエチルケトンパーオキサイド，ピクリン酸**など），すべてではありません。

(2)　第5類危険物は，水に溶けないものが多いですが，**過酢酸やアジ化ナトリウム，硝酸グアニジン**など，水に溶けるものもあります。

(3)　アジ化ナトリウムのように，金属と反応して分解するものもありますが，すべてではありません。

(5)　P.193の一覧表の化学式より，過酸化ベンゾイルや過酢酸などのように，窒素（N）を含有していないものや，また，アジ化ナトリウムのように，酸素（O）を含有していないものもあります。

【問題3】

　第5類の危険物の性状について，次のうち正しいものはどれか。

(1)　すべて不燃性である。

(2)　常温（20℃）では気体のものがある。

(3)　空気と長時間接触すると容易に発火するものがある。

(4)　水と反応して水素を発生する。

(5)　分解はするが，それ自体は燃焼も爆発もしない。

解説

(1)，(2)　第5類危険物は，可燃性の固体または液体で，気体のものはありません。

(3)　**ニトロセルロース**は，空気と長時間接触すると自然発火します。

(4)　そのような物質はありません。

(5)　**硝酸メチルや硝酸エチル**などのように，引火したり，あるいは，加熱，衝撃等により爆発するものもあります。

　（注：「第5類の沸点はすべて100℃以下」という出題がありますが×です⇒ピクリン酸は255℃）

　解　答

【問題1】…(1)

【問題4】 急行★

第5類の危険物の性状について，次のうち誤っているものはどれか。

(1) 常温（20℃）では，液体または固体である。

(2) 固体のものは，常温（20℃）で乾燥させると，危険性が小さくなるものがある。

(3) 燃焼速度が大きい。

(4) 比重は1より大きい。

(5) 酸素を含有せず，分解し，爆発するものがある。

解説

　たとえば，**過酸化ベンゾイルやピクリン酸**などの固体の第5類危険物は，常温（20℃）で乾燥させるほど，危険性が**大きくなる**ので，水分で湿らせるなどして貯蔵します。

【問題5】

第5類の危険物の性状について，次のA〜Eのうち，正誤の組み合わせとして，正しいものはどれか。

A　すべて水より重い。

B　ほとんどのものは酸素（O）を含み，自己反応性の物質である。

C　金属と反応して，爆発性の金属塩を生成するものがある。

D　強い酸化作用を有するものがある。

E　無機化合物が多い。

	A	B	C	D	E
(1)	×	○	×	○	○
(2)	○	×	×	○	○
(3)	×	○	○	×	×
(4)	×	○	×	×	×
(5)	○	○	○	○	×

　注：表中の○は正，×は誤を表するものとする。

解　答

【問題2】…(4)　　　　　　　　【問題3】…(3)

解説

A　第5類危険物の比重は**1より大きい**物質です。

B　P.193の表の化学式参照

C　**アジ化ナトリウム**は，水があれば重金属と作用して爆発性の金属塩（アジ化物）を形成します。

D　**過酸化ベンゾイル**をはじめとして，**メチルエチルケトンパーオキサイド**，**過酢酸**などの**有機過酸化物**は強い酸化作用を有します。

E　アジ化ナトリウム（NaN$_3$）のように，無機化合物もありますが，第5類危険物のほとんどは有機化合物（化学式にCを含む）です。

従って，E以外，すべて○です。

（Eのみ×）

〈第5類に共通する貯蔵及び取扱い方法〉（⇒重要ポイントは P.180）

【問題6】 特急★

　第5類の危険物に共通する貯蔵，取扱いの注意事項として，次のA〜Eのうち誤っているものはいくつあるか。

A　換気のよい冷所に貯蔵する。

B　容器は，密栓しないでガス抜き口を設けたものを使用する。

C　加熱，衝撃または摩擦を避けて取り扱う。

D　分解しやすい物質は，特に室温，湿気，通風に注意する。

E　断熱性の良い容器に貯蔵する。

　(1)　1つ　　　(2)　2つ　　　(3)　3つ

　(4)　4つ　　　(5)　5つ

解説

A　第5類危険物に共通する貯蔵，取扱い法です。

B　**メチルエチルケトンパーオキサイド**のように，容器を密栓しないでガス抜き口を設けたものを使用するものもありますが，その他の第5類危険物は，容器を密栓して貯蔵します。

C，D　第5類危険物に共通する貯蔵，取扱い法です。

E　**エチルメチルケトンパーオキサイド**のように分解しやすいものは蓄熱しな

解　答

【問題4】…(2)　　　　　　　　　　　【問題5】…(5)

いよう，**通気性のよい容器**に貯蔵する必要があるので，誤りです。

従って，誤っているのは，B，Eの2つになります。

【問題7】 急行★

第5類の危険物の貯蔵および消火の方法として，次のうち正しいものはどれか。

(1) ニトロセルロースは，アルコールで湿潤にして貯蔵する。

(2) 廃棄するときは，ひとまとめにして土中に埋める。

(3) 有機過酸化物は，水分を避け，よく乾燥した状態で貯蔵する。

(4) 金属のアジ化物は，酸素を含まないので，二酸化炭素による窒息消火が最も有効である。

(5) 燃焼が極めて速いため，燃焼の抑制作用のあるハロゲン化物消火剤が有効である。

解説

(1) ニトロセルロースの乾燥が進むと自然発火する危険性があるので，保護液（アルコールや水など）で湿潤な状態にして貯蔵します。

(2) 廃棄するときは，ひとまとめにせず，定められた方法で廃棄します。

(3) 有機過酸化物の**過酸化ベンゾイル**を乾燥させると危険性が増すので，水で湿らせて貯蔵します。

(4) 金属のアジ化物は酸素を含みませんが，消火の際は**乾燥砂**等で消火します（二酸化炭素消火剤やハロゲン化物消火剤は第5類危険物には使用できません）。

(5) (4)の解説参照

【問題8】 急行★

火災予防上，危険物を貯蔵する際の注意事項として，次のA〜Eのうち，適切でないものはいくつあるか。

A　ニトログリセリンは，凍結させておく。

B　過酸化ベンゾイルは，完全に乾燥させておく。

C　エチルメチルケトンパーオキサイトの容器は，内圧が上昇したときに圧力

解答

【問題6】…(2)

を放出できるものとし，密栓は避ける。

D　ニトロセルロースは，日光を避ける。

E　ピクリン酸の容器は，金属製のものを使用する。

(1)　1つ　　(2)　2つ　　(3)　3つ

(4)　4つ　　(5)　5つ

解説

A　不適切である。ニトログリセリンは，加熱，衝撃のほか，凍結させても**爆発する**危険性があります。

B　不適切である。過酸化ベンゾイルを乾燥させると危険性が増すので，**水で湿らせて貯蔵**します。

C　適切である。エチルメチルケトンパーオキサイドは，分解しやすく，密閉容器に貯蔵すると，内圧が上昇して分解が促進されるので，フタに**通気孔のある容器**を用いて内部の圧力上昇を放出できるようにします。

D　適切である。ニトロセルロースは**日光により分解される**ので，適切です。

E　不適切である。ピクリン酸は，金属と接触して**爆発性の金属塩を生じる**ので，金属製の容器を避けて貯蔵します。

従って，適切でないものは，A，B，Eの3つとなります。

【問題9】

危険物を取り扱う際の注意事項として，次のA～Eのうち，適切なものはいくつあるか。

A　ジアゾジニトロフェノールは，完全に乾燥させて貯蔵する。

B　ジニトロソペンタメチレンテトラミンは，酸を加えて貯蔵する。

C　エチルメチルケトンパーオキサイドの容器には，内部の異常圧力を自動的に排出できる装置を設ける。

D　ピクリン酸は，金属との接触を避ける。

E　硝酸エチルは，常温（20℃）で引火するおそれがあるので，火気を近づけない。

(1)　1つ　　(2)　2つ　　(3)　3つ

(4)　4つ　　(5)　5つ

解答

【問題7】…(1)

解説

A　不適切である。ジアゾジニトロフェノールは，乾燥させないよう，**水中な**どに浸して貯蔵します。

B　不適切である。ジニトロソペンタメチレンテトラミンは，酸と接触すると**爆発的に分解する**ので，酸と接触しないようにして貯蔵します。

C　適切である。エチルメチルケトンパーオキサイドは，分解しやすく，密閉容器に貯蔵すると，内圧が上昇して分解が促進されるので，内部の異常圧力を自動的に排出できる装置を設けます。

D　適切である。ピクリン酸は，金属と接触して**爆発性の金属塩**を生じます。

E　適切である。硝酸エチルの引火点は**10℃**なので，それより温度が高い常温（20℃）では引火するおそれがあります。

従って，適切なのは，C，D，Eの3つとなります。

【問題10】

第5類の危険物の貯蔵，取扱いの注意事項として，次のうちA～Eのうち正しいものはいくつあるか。

A　セルロイドは，特に夏季に自然発火することが多いので，貯蔵温度に注意する。

B　長期間貯蔵されたニトロセルロースは，空気中の酸素によって酸化されているので，爆発する危険性は小さくなっている。

C　日光によって茶褐色に変わったトリニトロトルエンは，取扱い時に衝撃を与えても爆発することはない。

D　容器に収納された危険物の温度が分解温度を超えないように注意して貯蔵する。

E　取扱い場所は，常に必要最小限の量を置くようにする。

(1)　1つ　　(2)　2つ　　(3)　3つ
(4)　4つ　　(5)　5つ

解説

A　セルロイドは**分解しやすく**，特に温度の高い夏季に分解が進んで**自然発火**することが多いので，貯蔵温度に注意する必要があります。

解答

【問題8】…(3)　　　　　　　　【問題9】…(3)

B　長期間貯蔵されたニトロセルロースは，一部が酸化剤である硝酸と植物繊
維の主成分であるセルロース（可燃物）に分解され，両者の接触により爆発
する危険性は**高く**なります。

C　日光によって茶褐色に変わったトリニトロトルエンであっても，衝撃を与
えれば爆発するおそれがあります。

D，E　貯蔵，取扱い法として適切です。

従って，正しいのは，A，D，Eの3つになります。

【問題11】

第5類の危険物を貯蔵し，または取り扱う場合，危険物の性状に照らして，
一般に火災発生の危険性が最も小さいのは次のうちどれか。

(1)　火花や炎の接近

(2)　加熱および衝撃

(3)　他の薬品との衝撃

(4)　水との接触

(5)　温度管理や湿度管理の不適切

解説

この問題は，「アジ化ナトリウム以外の第5類危険物は**水系の消火
剤で消火する**」というポイントを把握していれば解ける問題です。

第5類の危険物は基本的に注水消火からもわかるように，水と反応して発火
する禁水性物質はないので（アジ化ナトリウムは水と接触して水素を発生する
ので，水による消火は厳禁），水との接触が，火災発生の危険性が最も小さい
ということになります。

【問題12】

第5類の危険物の貯蔵，取扱いにおいて，金属との接触を避けなければなら
ないものは，次のうちどれか。

(1)　硝酸メチル　　　(2)　硝酸エチル　　　(3)　セルロイド

(4)　ピクリン酸　　　(5)　トリニトロトルエン

解　答

【問題10】…(3)

解説

　ピクリン酸は，金属と接触すると，**爆発性の金属塩**を生じるので，金属との接触を避ける必要があります。

〈第5類の消火方法〉（⇒重要ポイントは P.180）

【問題13】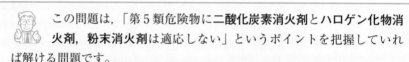

　第5類の危険物に関する火災予防および消火の方法について，次のうち誤っているものはどれか。

(1)　分解しやすいものは，特に室温，湿気および換気に注意して貯蔵する。

(2)　取扱いにあたっては，火気，衝撃および摩擦を避ける。

(3)　消火にあたっては，一般に大量の水による冷却消火が有効である。

(4)　燃焼速度が極めて大きいため，消火には燃焼の抑制作用のあるハロゲン化物消火剤が有効である。

(5)　一般に，屋内消火栓設備やスプリンクラー設備で消火するのは効果がある。

解説

> 　この問題は，「第5類危険物に**二酸化炭素消火剤**と**ハロゲン化物消火剤，粉末消火剤は適応しない**」というポイントを把握していれば解ける問題です。

　第5類危険物は燃焼に必要な酸素を自身に含んでいるので，**ハロゲン化物消火剤**や**二酸化炭素消火剤**のような，**窒息効果**による消火は不適切です。

　なお，(5)は水系なので，（一般的には）適切です。

【問題14】

　第5類の危険物の火災の消火について，危険物の性状に照らして，水を用いることが適切でない物質は，次のうちどれか。

(1)　ピクリン酸

(2)　アジ化ナトリウム

(3)　硝酸グアニジン

(4)　ニトロセルロース

解　答

【問題11】…(4)　　　　　　　　　　　【問題12】…(4)

(5)　ジニトロソペンタメチレンテトラミン

解説

　この問題は，「第5類危険物で注水厳禁なのは**アジ化ナトリウムのみ**」というポイントを把握していれば解ける問題です。

　第5類危険物の消火の際は，一般的には**大量の水**で冷却するか，あるいは，**泡消火剤**で消火をします。

　ただし，アジ化ナトリウムは，火災時の熱により分解して金属ナトリウムとなり，この金属ナトリウムに注水すると，水が分解されて**水素**を発生するので，**注水は厳禁**です（⇒発生した水素が燃焼するため）。

【問題15】 急行★

　次表の右欄に掲げるすべての危険物の火災に共通して使用する消火剤として，次のA～Eのうち適切なものはいくつあるか。

消火剤	危険物
A　粉末消火剤	有機過酸化物，硝酸エステル類，ニトロソ化合物，アゾ化合物，ヒドロキシルアミン塩類，硝酸グアニジン
B　二酸化炭素消火剤	
C　乾燥砂	
D　ハロゲン化物消火剤	
E　泡消火剤	

(1)　1つ　　(2)　2つ　　(3)　3つ

(4)　4つ　　(5)　5つ

解答

【問題13】　…(4)

解説

　この問題は，「アジ化ナトリウム以外の第5類危険物に共通して使用できるのは，**水系の消火剤**と**乾燥砂（膨張ひる石，膨張真珠岩含む）**」というポイントを把握していれば解ける問題です。

　アジ化ナトリウム以外の第5類危険物に共通して使用できるのは，**水系の消火剤**と**乾燥砂（膨張ひる石，膨張真珠岩含む）**なので（二酸化炭素，ハロゲン化物，粉末は不可），Ｃの乾燥砂とＥの泡消火剤の2つになります。

【問題16】

　第5類の危険物（金属のアジ化物を除く。）の火災に共通して消火効果が期待できる消火設備は，次のＡ～Ｅのうちいくつあるか。

　Ａ　水噴霧消火設備　　　　Ｂ　スプリンクラー設備
　Ｃ　ハロゲン化物消火設備　Ｄ　粉末消火設備
　Ｅ　泡消火設備　　　　　　Ｆ　屋外消火栓設備
　　(1)　1つ　　(2)　2つ　　(3)　3つ
　　(4)　4つ　　(5)　5つ

解説

　前問の解説より，アジ化ナトリウム以外の第5類危険物に共通して使用できるのは，**水系の消火剤**と**乾燥砂（膨張ひる石，膨張真珠岩含む）**なので（二酸化炭素，ハロゲン化物，粉末は不可），Ａの水噴霧消火設備，Ｂのスプリンクラー設備，Ｅの泡消火設備，Ｆの屋外消火栓設備の4つになります。
　なお，Ｆの屋外消火栓設備ですが，屋内消火栓設備であっても同様です。

第5類危険物の性質早見表

結は結晶、粉は粉末、溶は溶ける。△は少し溶ける。

品名	物質名（化学式）（液は液体．●印は無機化合物）	形状	比重	引火点	水溶性	アルコール	消火
①有機過酸化物	過酸化ベンゾイル（(C6H5CO)2O2）	白 結	1.33		×	溶	水
	△エチルメチルケトンパーオキサイド（(CH3C2H5CO2)2）	無 液	1.12	72℃	○	溶	困難
	△過酢酸（CH3COO2H）	無 液	1.15	41℃	○	溶	困難
②硝酸エステル類	△硝酸エチル（C2H5NO3）	無 液	1.11	10℃	△	溶	水
	△硝酸メチル（CH3NO3）	無 液	1.22	15℃	×	溶	
	△ニトログリセリン（C3H5 (ONO2)3）	無 液	1.6		△	溶	
	ニトロセルロース（[C6H7(NO2)3O5]n）	無 固	1.7		×		水
③ニトロ化合物	ピクリン酸（C6H2(NO2)3OH）	黄 結	1.77	207℃	○	溶	水（難）
	トリニトロトルエン（C6H2(NO2)3CH3）	黄 結	1.65		×	溶	水
④ニトロソ化合物	ジニトロソペンタメチレンテトラミン（C5H10N6O2）	淡黄 粉			△	△	水
⑤アゾ化合物	アゾビスイソブチロニトリル	白 粉			×	溶	水
⑥ジアゾ化合物	ジアゾジニトロフェノール（C6H2N4O5）	黄 粉	1.63		△	溶	困難
⑦ヒドラジンの誘導体	●硫酸ヒドラジン（NH2NH2・H2SO4）	白 結	1.37		温水○		水
⑧ヒドロキシルアミン	ヒドロキシルアミン（NH2OH）	白 結	1.20		○	溶	水
⑨ヒドロキシルアミン塩類	●硫酸ヒドロキシルアミン（H2SO4・(NH2OH)2）	白 結	1.90		○	△	水
	塩酸ヒドロキシルアミン（HCl・NH2OH）	白 結	1.67		○		
⑩その他のもので政令で定めるもの	●アジ化ナトリウム（NaN3）	無 結	1.85		○		砂
	硝酸グアニジン（省略）	白 結	1.44		○	溶	水

③ 第5類危険物に属する各物質の重要ポイント

> 注) 原則として，〈貯蔵，取扱い法〉と〈消火方法〉については，「第5類に共通する貯蔵，取扱い法」，「共通する消火方法」であれば省略してありますが，その物質特有の特徴があれば表示してあります。)
>
> 〈第5類に共通する貯蔵，取扱い法〉
> ・火気，衝撃，摩擦等を避け，密栓して換気のよい冷所に貯蔵する。
> 〈第5類に共通する消火方法〉
> ・大量注水で消火

1．有機過酸化物

分子中に酸素・酸素結合（－O－O－）を有する化合物

（1）過酸化ベンゾイル

〈性状〉
1．白色または無色の結晶（固体）である。
2．水には溶けないが，有機溶媒には溶けやすい。
3．強力な酸化作用がある。
4．日光，加熱，衝撃，摩擦等によって分解される。
5．強酸（濃硫酸や硝酸など）や有機物およびアミン類と接触すると，分解して爆発するおそれがある。
6．乾燥させると危険性が増す（⇒乾燥させない！）。

〈貯蔵，取扱い法〉
・湿らせるなどして乾燥させない！（自然発火，爆発するため）。

（2）エチルメチルケトンパーオキサイド ⏱ 急行★

〈性状〉

1. 無色透明の**液体**である。
2. **引火性**がある（引火点72℃）。
3. 水には**溶けない**が，ジエチルエーテルには溶ける。
4. 日光のほか，**鉄，ぼろ布，アルカリ等**と接触しても分解が促進される。
5. 市販品は**ジメチルフタレート**などの希釈剤で50～60％に希釈されている。

〈貯蔵，取扱い法〉

・容器は**密栓せず通気性**を持たせる。

（3）過酢酸 ⏱ 急行★

〈性状〉

1. 無色透明の液体で**水やアルコール，エーテルによく溶ける**。
2. **引火性**がある（引火点41℃）。
3. **有毒**で強い刺激臭の**強酸化剤**
4. 有機物などの**還元性物質**と接触すると**爆発する**おそれがある。
5. **アルコール，エーテル**に溶ける。
6. **アルミニウム**など**多くの金属を侵す**。

2．硝酸エステル類

硝酸の水素原子をアルキル基で置換した化合物

（1）硝酸エチル ⏱ 急行★

〈性状〉

1. 無色透明の**液体**である。
2. **引火性**がある（引火点10℃⇒常温以下）。
3. 水より**重く**，水に少し**溶ける**。

4．アルコール，エーテルには溶ける。

〈消火方法〉

・消火は困難

（2）硝酸メチル

〈性状〉

・硝酸エチルと同じだが，引火点は15℃で，水には溶けない。

（3）ニトログリセリン（ニトロ化合物ではない！）〔急行★〕

〈性状〉

1．無色の油状液体である。
2．水に溶けないが，有機溶剤には溶ける。
3．加熱，衝撃および凍結などによって爆発する危険性がある。
4．漏出した場合は，水酸化ナトリウム（カセイソーダ）のアルコール溶液で拭き取る（分解して非爆発性になる）

〈消火方法〉

・消火は困難

（4）ニトロセルロース（ニトロ化合物ではない！）〔急行★〕

〈性状〉

1．無色（または白色）無臭の綿状の固体である。
2．水に溶けないが，有機溶剤には溶ける。
3．窒素含有量（硝化度という）が多いほど爆発する危険性が大きくなり，窒素含有量の多いものを強綿薬（強硝化綿），少ないものを弱綿薬（弱硝化綿）という。
4．加熱，衝撃および日光などによって分解し，自然発火することがある。

3. ニトロ化合物

有機化合物の水素をニトロ基に置き換えた化合物

（1）ピクリン酸 （化学式[$C_6H_2(NO_2)_3OH$]で出題される場合もある）

〈性状〉

1. 黄色の結晶である。
2. 引火性がある（引火点207℃）。
3. 水には溶けないが，熱湯やアルコール，ジエチルエーテルなどに溶ける。
4. 金属と反応して爆発性の金属塩となる。
5. 急激な加熱や衝撃，摩擦等により，発火，爆発の危険性がある
6. 乾燥すると，危険性が増加する（⇒乾燥状態で貯蔵，取扱わない）。
7. 大量注水で消火

〈貯蔵，取扱い法〉

1. 金属や酸化されやすい物質（硫黄など）との接触をさける。
2. 乾燥させた状態で貯蔵，取扱わない（⇒湿らせて貯蔵）

（2）トリニトロトルエン （ピクリン酸とセットの出題が多い）

〈性状〉

1. 淡黄色の結晶である。
2. 金属とは反応しない（この点がピクリン酸と大きく異なる）。
3. 衝撃，摩擦等により，発火，爆発の危険性がある。

4．その他

（1）ジニトロソペンタメチレンテトラミン

〈性状〉

1．淡黄色の粉末である。
2．水，ベンゼン，アルコールおよびアセトンなどにわずかに溶ける。
3．加熱すると分解して窒素を生じる。
4．強酸に接触すると，爆発的に分解し，発火する危険性がある。

（2）ジアゾジニトロフェノール

〈性状〉

1．黄色の不定形粉末である。
2．水にはほとんど溶けないが，アセトンなどには溶ける。
3．光に当たると褐色に変色する。
4．燃焼現象は爆ごう*を起こしやすい。
（＊爆ごう：爆発の際に火炎が音速を超える速さで伝わる現象）

〈消火方法〉

・一般に消火は困難

（3）硫酸ヒドラジン　　急行

〈性状〉

1．白色の結晶である。
2．冷水には溶けないが，温水には溶ける。
3．還元性が強く，酸化剤とは激しく反応する。
4．水溶液は酸性を示す。

〈貯蔵，取扱い法〉

・直射日光をさけ，酸化剤やアルカリと接触させない。

（4）ヒドロキシルアミン

〈性状〉
1. 白色の結晶である。
2. 水，アルコールに溶ける。
3. 潮解性がある。
4. 裸火や高温体と接触するほか，紫外線によっても爆発する危険性がある。

（5）硫酸ヒドロキシルアミン

〈性状〉
1. 白色の結晶である。
2. 水やメタノールに溶けるが，エタノールには溶けない。
3. 水溶液は強い酸性を示し，金属を腐食させる。
4. 強い還元剤である。
5. アルカリ存在下では爆発的に分解する。

〈貯蔵，取扱い法〉
・乾燥状態を保ち，水溶液は鉄製容器に貯蔵せず（腐食するので），ガラス製容器などに貯蔵する（クラフト紙に入って流通することもある）。

（6）アジ化ナトリウム

〈性状〉
1. 無色の板状結晶である。
2. 水に溶けるがエタノールには溶けにくく，エーテルには溶けない。
3. 加熱により窒素を発生し，金属ナトリウムを生じる。
4. 酸と接触してアジ化水素酸を発生し，水があると爆発性のアジ化物を生じる。
5. 銀，銅，鉛，水銀，二硫化炭素と反応して衝撃に敏感な化合物を生成する
6. 二硫化炭素や臭素には激しく反応する。

〈貯蔵，取扱い法〉

・**直射日光**をさけ，**酸**や**金属粉**（特に重金属）と接触させない。

〈消火方法〉

・**乾燥砂**等で消火し，**注水は厳禁**である（3の金属ナトリウムが第3類の禁水性物質のため）。

（7）硝酸グアニジン

〈性状〉

1．**無色**または**白色の結晶**である。
2．**有毒**である。
3．**水**，**アルコール**に溶ける。

第5類に属する各危険物の問題

〈有機過酸化物〉（⇒重要ポイントは P.195）

【問題1】　🚄特急 ★

　第5類の有機過酸化物の性状について，次のうち正しいものはいくつあるか。

A　過酸化水素の1個または2個の水素原子を，金属で置換した化合物である。

B　分子中に酸素・酸素結合（−O−O−）を有する化合物で，結合力は非常に強い。

C　自己反応性物質であるが，引火点を有するものもある。

D　衝撃，摩擦等に対してきわめて安定である。

E　熱，光あるいは還元性物質により容易に分解し，遊離ラジカルを発生する。

　　(1)　1つ　　　(2)　2つ　　　(3)　3つ

　　(4)　4つ　　　(5)　5つ

|解説|

A　有機過酸化物とは，過酸化水素（H_2O_2）の1個または2個の水素原子を金属ではなく「**有機原子団**」で置換した化合物です。

B　（Aの解説から）過酸化水素の酸素・酸素結合（−O−O−）の結合力は**弱**いので，非常に**分解しやすい**という性質があります。

C　**硝酸エチル，硝酸メチル，過酢酸，エチルメチルケトンパーオキサイド，ピクリン酸**などに引火性があります。

D　衝撃，摩擦等で分解し，**発火，爆発する**危険性があるので，不安定です。

E　（参考資料：遊離ラジカルとは，通常の分子は偶数個の電子をもち，これらがそれぞれペアになって安定しているのですが，それがペア（対）になっていない電子をもつ原子や分子の場合，他から電子を1個奪うか，あるいは自分の電子を1個与えて，安定化しようとする性質があるので，**反応性に富む**という性質があります。

　　このペアになっていない原子（不対電子という）をもつ原子や分子などのことを遊離ラジカル（または遊離基）といいます。）

　　従って，正しいのは，C，Eの2つになります。

|解　答|

　解答は次ページの下欄にあります。

【問題２】 😊特急★★

　第５類の有機過酸化物の貯蔵及び取扱い方法について，次のうち誤っているものはいくつあるか。

A　有機物や金属片が混入しないようにする。

B　できるだけ不活性な溶剤，可塑剤等で希釈して取り扱う。

C　水と反応するものがあるので，水との接触を避ける。

D　貯蔵容器は，すべて密栓する。

E　取り扱い器具や容器は，プラスチック製などの軟質のを使用するとともに，摩擦や衝撃等を与えないようにしなければならない。

(1)　1つ　　(2)　2つ　　(3)　3つ

(4)　4つ　　(5)　5つ

【解説】

A　有機物と接触すると，分解して爆発することもあり，また，**エチルメチルケトンパーオキサイド**の場合，**鉄**などの金属片と接触すると著しく分解が進み，爆発するおそれがあります。

B　有機過酸化物は，分解しやすく，きわめて不安定な物質なので，**不活性な溶剤，可塑剤**等で希釈して（濃度を下げて）取り扱います。

C　問題文に当てはまるのは**アジ化ナトリウム**だけであり，それ以外の第５類危険物は，一般的に注水消火することからもわかるように水とは基本的に反応はしません。

D　内圧上昇を防ぐために容器の蓋（ふた）に通気性を持たせなければならない**エチルメチルケトンパーオキサイド**（メチルエチルケトンパーオキサイド）があるので，「すべて密栓」というのは誤りです。

E　その通り。

　従って，誤っているのは，C，Dの2つになります。

【問題３】

　次の文の（　）内のA～Dに当てはまるものの組合せはどれか。

　「有機過酸化物の貯蔵，取扱いには，必ずその危険性を考慮しなければならない。それは，有機過酸化物が一般の化合物に比べて（A）温度で（B）

【解　答】

【問題１】…(2)

し，さらに一部のものは（C）等により容易に分解し，爆発する可能性を
有しているからである。有機化酸化物の危険性は，（D）の弱い結合に起
因する。」

	A	B	C	D
(1)	高い	発火	衝撃，摩擦	－C－O－
(2)	低い	分解	衝撃，摩擦	－O－O－
(3)	高い	発火	水	－C－O－
(4)	低い	引火	衝撃，摩擦	－C－O－
(5)	高い	分解	水	－O－O－

解説

正解は，次のようになります。

「有機過酸化物の貯蔵，取扱いには，必ずその危険性を考慮しなかればな
らない。それは，有機過酸化物が一般の化合物に比べて（**低い**）温度で（**分
解**）し，さらに一部のものは（**衝撃，摩擦**）により容易に分解し，爆発す
る可能性を有しているからである。有機化酸化物の危険性は，（**－O－O
－**）の弱い結合に起因する。」

〈**過酸化ベンゾイル**〉（⇒重要ポイントは P.195）

【問題4】　急行

過酸化ベンゾイルの性状について，次のうち誤っているものはどれか。

(1)　無色無臭の液体である。

(2)　光によって，分解が促進される。

(3)　衝撃，摩擦に対して鋭敏であり，爆発的に分解しやすい。

(4)　水には溶けないが，有機溶剤にはよく溶ける。

(5)　加熱すると100℃前後で分解する。

解説

過酸化ベンゾイルは無臭ですが，無色ではなく白色で，また，液体ではなく，
白色の結晶（<u>固体</u>）です。

解　答

【問題2】…(2)

【問題5】
　過酸化ベンゾイルの**性状等**について，次のうち誤っているものはどれか。
(1)　強力な酸化作用を有する。
(2)　油脂，ワックス，小麦粉等の漂白に用いられる。
(3)　酸によって分解が促進される。
(4)　水に溶けるが，有機溶剤には溶けない。
(5)　皮膚に触れると皮膚炎を起こす。

解説
　過酸化ベンゾイルは，水には溶けませんが，有機溶剤には溶けます。

【問題6】　特急★★
　過酸化ベンゾイルの**貯蔵および取扱い**について，次のうち誤っているものは
どれか。
(1)　加熱により分解するので，火気，高温物体等熱源との接近を避けて貯蔵し，
　　または取り扱う。
(2)　光によって分解が促進されるので，直射日光を避ける。
(3)　有機物と混合すると爆発することがあるので，一緒に貯蔵しない。
(4)　衝撃，摩擦等によって爆発的に分解するので，貯蔵容器等の取扱いには注
　　意する。
(5)　空気中の水分と反応しやすいので，乾燥した状態で貯蔵または取扱う。

解説

　この問題は，「第5類危険物の総まとめの(13)乾燥させると危険なも
の（湿らせた状態で貯蔵するもの⇒**過酸化ベンゾイル，ピクリン
酸，ニトロセルロース**）」を把握していれば解ける問題です（⇒P.239）。

　過酸化ベンゾイルは，乾燥させるほど危険性が増加するので，**水分で湿らせ
る**などして乾燥させないで貯蔵します。

解　答
【問題3】…(2)　　　　　　　　　　【問題4】…(1)

【問題7】　 急行 ★

　過酸化ベンゾイルの貯蔵および取扱いについて，次のうち誤っているものはどれか。

(1)　換気のよい冷所に密栓して貯蔵し，火気厳禁とする。

(2)　有機物や酸などの異物が混入しないようにする。

(3)　粉じんは目や呼吸器を刺激するので，取り扱うときは，防じんマスクを着用する。

(4)　強力な酸化力を有するので，酸化されやすい物質と一緒に貯蔵しない。

(5)　摩擦や衝撃には比較的安定であるが，加熱により爆発的に分解するので，取扱いには十分注意する。

解説

　この問題は，「第5類危険物の(1)共通する性状の5．**加熱，衝撃，摩擦**等により発火，爆発することがある」を把握していれば解ける問題です（⇒P.180）。

　過酸化ベンゾイルをはじめ，第5類の危険物は，加熱のほか，摩擦や衝撃によっても分解し，爆発するおそれがあるので，摩擦や衝撃を避けて貯蔵します。

【問題8】

　可塑剤で50wt%に希釈された過酸化ベンゾイルに係る火災の初期消火の方法について，次のA～Eのうち適切なものはいくつあるか。

A　粉末（リン酸塩類を使用するもの）消火器で消火する。

B　泡消火器で消火する。

C　水（噴霧状）で消火する。

D　強化液消火器（棒状）で消火する。

E　二酸化炭素消火器で消火する。

(1)　1つ　　　(2)　2つ　　　(3)　3つ

(4)　4つ　　　(5)　5つ

解　答

【問題5】…(4)　　　　　　　　　　　【問題6】…(5)

解説

　過酸化ベンゾイルは，他の一般的な第 5 類危険物同様，水系の消火剤で消火し（⇒B，C，D），**粉末消火剤，二酸化炭素消火剤，ハロゲン化物消火剤**は適応しません（⇒B，C，Dの 3 つが適切）。

〈エチルメチルケトンパーオキサイド〉（⇒重要ポイントは P.196）

【問題 9】

　エチルメチルケトンパーオキサイドの性状について，次のうち誤っているものはどれか。

(1)　無色透明の引火性を有する液体である。

(2)　市販品は，可塑剤によって希釈されている。

(3)　比重は 1 より大きい。

(4)　水や有機溶剤によく溶ける。

(5)　通常は40℃以上になると分解が促進されるが，布や鉄などに接触すると，30℃以下でも分解する。

解説

　この問題は，「第 5 類危険物の総まとめの(3)水溶性（第 5 類危険物は水に溶けないものが多い）」を把握していれば解ける問題です（⇒P.238）。

　エチルメチルケトンパーオキサイドは水には溶けません（ジエチルエーテルには溶ける）。

【問題10】　**急 行**★

　エチルメチルケトンパーオキサイドの貯蔵，取扱いについて，次のうち誤っているものはどれか。

(1)　ぼろ布，鉄さび等と接触しないようにすること。

(2)　貯蔵容器は密栓する。

(3)　日光の直射を避け，冷暗所に貯蔵する。

(4)　加熱，衝撃および摩擦を与えないようにする。

解　答

【問題 7】…(5)　　　　　　　　　　　【問題 8】…(3)

(5) 酸や塩素の混入を避ける。

解説

　この問題は、「第5類危険物の**エチルメチルケトンパーオキサイド**と第6類危険物の**過酸化水素**は容器を密栓せず、通気性を持たせる」ということを把握していれば解ける問題です。

　エチルメチルケトンパーオキサイトは不安定な物質で分解しやすく、密栓すると分解が促進されるので、容器の蓋には**通気性**を持たせる必要があります(⇒通気孔付きの容器を用いる)。

　なお、エチルメチルケトンパーオキサイドは引火性を有しているので、**火花を発する工具等を使用しない**、ということも貯蔵、取扱いに際しての留意事項になります。

【問題11】 特急 ★★

　エチルメチルケトンパーオキサイトは不安定で、点火により激しく燃焼し、また、摩擦、衝撃等により爆発的に分解するので、希釈剤で薄めて安全が図られているが、希釈剤として一般に使用されているものは、次のうちどれか。
(1) ナフテン酸コバルト
(2) ジメチルアニリン
(3) 水
(4) 2－プロパノール
(5) ジメチルフタレート

解説

　エチルメチルケトンパーオキサイトの高純度のものは不安定で分解しやすいので、安全のため、ジメチルフタレート（フタル酸ジメチル）で希釈したものが市販されています。

解 答

【問題9】…(4)

〈過酢酸〉(⇒重要ポイントは P.196)

【問題12】 特急 ★★

　　過酢酸の性状について，次のうち誤っているものはどれか。

(1)　水，エタノールによく溶ける。

(2)　110℃に加熱すると爆発することがある。

(3)　硫酸によく溶ける。

(4)　引火性を有しない。

(5)　有害な物質である。

解説

　　過酢酸は，**硝酸エチル，硝酸メチル，ピクリン酸，エチルメチルケトンパー**
オキサイドと同様，第 5 類危険物の中で，引火点を有する危険物です。

【問題13】

　　過酢酸の性状について，次のうち誤っているものはどれか。

(1)　無色の液体で，比重は 1 より大きい。

(2)　強い酸化作用があるから助燃作用もある。

(3)　火気厳禁である。

(4)　換気良好な冷暗所に可燃物質と隔離して貯蔵する。

(5)　火災の際の適応消火剤は，二酸化炭素である。

解説

> この問題は，「第 5 類危険物の消火に**二酸化炭素，ハロゲン化物，**
> **粉末はＮＧ！**」というポイントを把握していれば解ける問題です。

　　二酸化炭素消火剤は，危険物の回りの酸素濃度を低下させて消火(**窒息消火**)
する消火剤です。

　　しかし，第 5 類危険物の場合，自身に酸素を含んでいるので，二酸化炭素消
火剤を放射しても，自身の酸素で燃焼を継続するので，有効な消火効果を得ら
れません。

　　なお，同じ窒息効果で消火する**ハロゲン化物消火剤**のほか**粉末消火剤**も第 5

解　答

【問題10】…(2)　　　　　　　　　　　　【問題11】…(5)

類危険物には不適切です。

【問題14】

　過酢酸の性状に関する次のA～Dについて，正誤の組み合わせとして，正しいものはどれか。

A　加熱すると爆発する。

B　有毒で粘膜に対する刺激性が強い。

C　アルコール，エーテルには溶けない。

D　空気と混合して，引火性，爆発性の気体を生成する。

	A	B	C	D
(1)	×	○	○	×
(2)	○	×	○	×
(3)	○	×	×	×
(4)	×	○	×	○
(5)	○	○	×	○

　　　注：表中の○は正，×は誤を表すものとする。

解説

A　問題12の(2)より，110℃に加熱すると爆発することがあります。

B　過酢酸の性状です。

C　アルコール，エーテルとも溶けます。

D　過酢酸は引火性液体なので，空気と混合して，引火性，爆発性の気体を生成します。

　従って，A，B，Dが○になります。

【問題15】　　急 行★

　過酢酸が発火，爆発を起こすおそれのないものは，次のうちどれか。

(1)　酸化剤との接触

(2)　二酸化炭素との接触

(3)　衝撃や摩擦

解　答

【問題12】 …(4)　　　　　　　　　　　　【問題13】 …(5)

(4)　金属粉との接触

(5)　200℃の熱源

【解説】

(1)　酸化剤や有機物との接触により，爆発を起こすおそれがあります。

(2)　二酸化炭素は不燃性のガスであり，接触しても爆発することはありません。

(3)　第５類危険物に衝撃や摩擦を与えると，爆発を起こすおそれがあります。

(4)　金属粉は可燃物であり，可燃物や有機物と接触すると，分解し，爆発を起こすおそれがあります。

(5)　過酢酸を110℃以上に加熱すると，爆発することがあります。

【硝酸エステル類】

〈硝酸エチル〉（⇒重要ポイントは P.196）

【問題16】　③特急 ★

　　硝酸エチルの性状について，次のうち誤っているものはどれか。

(1)　メチルアルコールに溶ける。

(2)　芳香のある無色の液体である。

(3)　水より軽い。

(4)　可燃性の液体で，引火点は常温（20℃）より低い。

(5)　蒸気は空気より重い。

【解説】

 この問題は，「第５類危険物は**水より重い**」というポイントを把握していれば解ける問題です。

(1), (2)　硝酸エチルの性状です。

(3)　硝酸エチルの比重は1.11なので，水より**重い**液体です。

(4)　硝酸エチルの引火点は**10℃**です。

(5)　（硝酸エチルの蒸気比重は3.14⇒円周率と同じ）。

【解　答】

【問題14】…(5)

【問題17】　😊 急行 ★

硝酸エチルの**性状**について，次のうち正しいものはどれか。

(1)　よく燃える粉末である。

(2)　水より軽く，水に溶けにくい。

(3)　沸点は，水よりも低い。

(4)　揮発性の液体で，水溶液は強い酸性を示す。

(5)　腐敗臭を有し，苦味がある。

解説

(1)　硝酸エチルは液体です。

(2)　硝酸エチルの比重は**1.11**なので，水より**重い**液体です。

　　（水にわずかに溶けるので，「水に溶けにくい」というのは正しい）。

(3)　硝酸エチルの沸点は，**87.2℃**です（水は100℃）。

(4)　硝酸エチルは水にはほとんど溶けないので，水溶液になりにくい物質です。

(5)　硝酸エチルは**芳香臭**を有し，**甘味**のある液体です。

　　なお，硝酸メチルに関しては，出題例が非常に少ないですが，仮に出題されたにしても，硝酸エチルと同様に考えればよいだけで，一部，水に関してだけは，**硝酸エチル**が「水には**ほとんど溶けない**」のに対し，**硝酸メチル**の方は「水には**溶けない**。」という点に注意すればよいだけです。

〈ニトログリセリン〉（⇒重要ポイントは P.197）

【問題18】

ニトログリセリンの**性状**について，次のうち正しいものはどれか。

(1)　液体の場合は衝撃に対して鈍感で，取り扱いやすい。

(2)　アセトン，メタノールおよび水のいずれにも，よく溶ける。

(3)　20℃では凍結した固体である。

(4)　水酸化ナトリウムのアルコール溶液で分解され，非爆発性物質となる。

(5)　水よりも軽い。

解説

(1)　ニトログリセリンは，液体よりも凍結した固体の方が危険ではありますが，

解　答

【問題15】…(2)　　　　　　　　　　　　【問題16】…(3)

液体の状態であっても，加熱，衝撃等に対しては敏感で，爆発するおそれが
あります。

(2)　ニトログリセリンは水には溶けません。

(3)　ニトログリセリンが凍結するのは**8℃**なので，20℃では液体です。

(4)　問題文の通りなので，ニトログリセリンが漏出した場合は，この水酸化ナ
トリウムのアルコール溶液で拭き取れば分解され，非爆発性物質となります。

(5)　ニトログリセリンの比重は**1.6**なので，水よりも**重い液体**です。

〈ニトロセルロース〉（⇒重要ポイントは P.197）

【問題19】

ニトロセルロースの性状について，次のうち誤っているものはどれか。

(1)　含有窒素量（硝化度）の多いものほど危険性があるので，取り扱いには特
に注意する。

(2)　乾燥すると強い衝撃，摩擦，加熱により発火または爆発するおそれがある。

(3)　燃焼すると，有害な窒素酸化物，一酸化炭素，二酸化炭素を発生する。

(4)　エタノールで湿性にしたものは，摩擦，衝撃に敏感となる。

(5)　日光の照射，加温などによる自然発火のおそれがある。

解説

ニトロセルロースは，乾燥するほど分解が進んで危険性が増し，逆に，エタ
ノールなどの**アルコール**や**水**で湿らせた状態にした方が安定します（⇒アル
コールや水で湿らせた状態にして保管する）。

【問題20】　特急 ★

次の文中の（　）内に当てはまる語句はどれか。

「ニトロセルロースは，自然発火を防止するため，通常（　）で湿らせて
貯蔵する。」

(1)　アルコール　　　(2)　灯油　　　　　(3)　希塩酸

(4)　酢酸エチル　　　(5)　アセトン

解　答

【問題17】…(3)　　　　　　　　　　【問題18】…(4)

解説

　前問より，ニトロセルロースは自然発火を防止するため，通常，**アルコール**や**水**で湿らせて貯蔵します。

【問題21】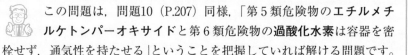

　ニトロセルロースの貯蔵，取扱いの注意事項として，次のうち誤っているものはどれか。

(1) 含有窒素量（硝化度）の多いものほど危険性が大きいので，取り扱いには特に注意する。

(2) 日光の直射を避けて貯蔵する。

(3) 乾燥すると危険性が増すため，貯蔵中はアルコールで湿らせておく。

(4) 発火の危険があるので，加熱はもちろん，打撃で衝撃を加えないようにする。

(5) 貯蔵容器には，分解ガスによる破裂を防ぐため，通気孔を設けておく。

解説

> 　この問題は，問題10（P.207）同様，「第5類危険物の**エチルメチルケトンパーオキサイド**と第6類危険物の**過酸化水素**は容器を密栓せず，通気性を持たせる」ということを把握していれば解ける問題です。

　第5類危険物で，容器に通気孔を設ける必要があるのは，**エチルメチルケトンパーオキサイド**（メチルエチルケトンパーオキサイド）です（その他，第6類の**過酸化水素**も通気孔を設けた容器に貯蔵する。）。

【問題22】

　蒸し暑い日に，屋内貯蔵所で貯蔵しているニトロセルロースの入った容器から出火した。調査の結果，容器のふたが完全に閉まっていなかったことが判明した。この出火原因に最も関係の深いものは，次のうちどれか。

(1) 空気が入り，窒素の作用でニトロ化が進み，自然に分解して発熱した。

(2) 空気中の酸素によって，酸化され発熱した。

(3) 空気中の水分が混入したため，自然に分解して発熱した。

解　答

【問題19】…(4)　　　　　　　　　　　　　　　　【問題20】…(1)

(4)　あらかじめ封入されていた不活性気体が空気中に放散したため，自然に分
　　解して発熱した。

(5)　加湿用のアルコールが蒸発したため，自然に分解して発熱した。

解説

　容器のふたが完全に閉まっていなかったことから，ニトロセルロースの分解
を防ぐ目的で加えてあったアルコールが蒸発して，乾燥が進み，自然発火した
ものと考えられます。

【問題23】

　ニトロセルロースの火災に使用する消火剤として，次のうち最も適切なもの
はどれか。

(1)　消火粉末

(2)　二酸化炭素

(3)　大量の水

(4)　高膨張泡

(5)　ハロゲン化物

解説

　この問題は，「第 5 類危険物は，原則として**大量注水**により消火す
る」ということを把握していれば解ける問題です。

　自身に酸素を含んでいる第 5 類危険物の場合，消火粉末や二酸化炭素などに
よる窒素消火は効果がなく，**大量の水**や**泡消火剤**などの**水系の消火剤**で消火し
ます。

〈セルロイド〉（ポイントは省略してあります）

【問題24】

　セルロイドの性状について，次のうち誤っているものはどれか。

(1)　ニトロセルロースに樟のうを加えた合成樹脂である。

(2)　アセトン，酢酸エチルなどに溶ける。

解　答

【問題21】 …(5)

(3)　熱可塑性で，100℃以下で軟化する。

(4)　一般に，粗製品ほど発火点が高くなる。

(5)　一般に，透明または半透明の固体である。

解説

　まず，粗製品とは，粗雑な製品ということで，品質の悪い製品の意味です。

　セルロイドは，本来，約170℃になると自然発火しますが，粗製品であるほど，それより低い温度でも発火する危険性が高くなります。

【問題25】

　室内に置かれたセルロイドの危険性として，次のうち誤っているものはどれか。

(1)　燃焼速度が極めて大きく，他の可燃物への延焼危険が大きい。

(2)　湿度および気温が高い日が続くと，自然発火のおそれがある。

(3)　気温が低くても乾燥した日が続くと，自然発火のおそれがある。

(4)　粗製品は，精製品に比べ，自然発火する危険性が高い。

(5)　古い製品ほど分解しやすく，自然発火する危険性が高くなる。

解説

　セルロイドが自然発火を起こす可能性があるのは，高い湿度や高い温度が続いた場合です。

【問題26】

　セルロイドの貯蔵にあたり，自然発火を防止するための措置として，次のうち最も適切なものはどれか。

(1)　容器を密封して暗所に置く。

(2)　熱風を送って乾燥させた室内に置く。

(3)　通風がよく，湿気のない，温度の低い暗所（冷暗所）に置く。

(4)　通風，換気のない密閉された暗所に置く。

(5)　湿度を高くした暗所に置く。

解　答

【問題22】…(5)　　　　　　　　　　　【問題23】…(3)

解説

　セルロイドの貯蔵にあたっては，自然発火を防止するための措置を講じる必要があり，そのため，**通風がよく，湿気のない，温度が低く日光の当たらない暗所（冷暗所）**に置く必要があります。

〈**ピクリン酸**〉（⇒重要ポイントは P.198）

【問題27】　⌂特急 ★

　ピクリン酸の性状について，次のうち誤っているものどれか。

(1)　無臭である。
(2)　水のほか，アルコールやジエチルエーテルなどに溶ける。
(3)　急熱すると爆発する。
(4)　乾燥状態では，安定である。
(5)　酸性であって金属や塩素と塩をつくる。

解説

　この問題は，「第5類危険物の総まとめの⒀乾燥させると危険なもの（湿らせた状態で貯蔵するもの⇒**過酸化ベンゾイル，ピクリン酸，ニトロセルロース**）」を把握していれば解ける問題です（P.239）。

(1)　ピクリン酸は，**無臭**で**苦み**のある**黄色の結晶**です。
(2)　ピクリン酸は，水やアルコール，ジエチルエーテルなどにも溶けます。
(3)　急熱すると，発火，爆発する危険性があります。
(4)　ピクリン酸は，乾燥させるほど危険性が増すので，水で湿らせて貯蔵します。
(5)　その通り。

【問題28】　⌂急行 ★

　ピクリン酸の性状について，次のうち誤っているものはどれか。

(1)　苦味があり，有毒である。
(2)　水より重い透明の液体である。
(3)　単独のものより，硫黄，よう素などとの混合物の方が，はるかに危険であ

解　答

【問題24】…(4)　　　　　【問題25】…(3)　　　　　【問題26】…(3)

る。

(4)　乾燥状態のものは，危険性が高い。

(5)　ジエチルエーテル，ベンゼンに溶ける。

[解説]

　　ピクリン酸は，液体ではなく，無臭で苦みのある黄色の結晶です。

【問題29】

　　ピクリン酸の性状について，次のうち正しいものはどれか。

(1)　芳香臭のある無色の液体で，甘味がある。

(2)　水には溶けるが，ジエチルエーテル，ベンゼンには溶けない。

(3)　乾燥することにより，危険性が小さくなる。

(4)　金属塩となったものは爆発しない。

(5)　ゆっくり加熱すると昇華するが，急熱すると爆発する。

[解説]

(1)　無臭で苦みのある黄色の結晶です。

(2)　ピクリン酸は，水のほか，ジエチルエーテル，ベンゼン，アルコールなど
　　にも溶けます。

(3)　乾燥するほど，危険性が増します。

(4)　ピクリン酸は，金属と反応して，爆発性の金属塩となります。

【問題30】

　　ピクリン酸の貯蔵，取扱いについて，次のうち誤っているものはどれか。

(1)　衝撃，摩擦，振動を避ける。

(2)　金属製の容器を避ける。

(3)　急激な加熱を避ける。

(4)　水を加えると爆発のおそれがある。

(5)　取り扱う機器や設備は防爆型のものを用いる。

[解　答]

【問題27】…(4)

解説

この問題は，「第5類危険物の(1)共通性状の8．（**第5類危険物は水とは反応しない**）」を把握していれば解ける問題です（⇒P.180）。

　第5類危険物は水とは反応しないので，ピクリン酸に水を加えても爆発のおそれはありません。

〈**トリニトロトルエン**〉（⇒重要ポイントは P.198）
【問題31】
　トリニトロトルエンの性状について，次のうち誤っているものはどれか。
(1)　淡黄色の結晶である。
(2)　水によく溶ける。
(3)　ニトロ化合物である。
(4)　爆発力が大きい。
(5)　金属とは反応しない。

解説

この問題は，「第5類危険物の総まとめの(3)水溶性（第5類危険物は水に溶けないものが多い）」を把握していれば解ける問題です（⇒P.238）。

　トリニトロトルエンは，水には溶けず，アルコール，ジエチルエーテルなどには溶けます。

【問題32】
　トリニトロトルエンの性状について，次のうち誤っているものはどれか。
(1)　淡黄色または無色の結晶である。
(2)　水よりも重い。
(3)　アセトン，ベンゼン等に溶ける。
(4)　衝撃を加えると爆発する。
(5)　金属と作用して爆発性の金属塩をつくる。

解　答

【問題28】…(2)　　　　　　　【問題29】…(5)　　　　　　　【問題30】…(4)

解説

 この問題は、「ピクリン酸は金属と反応するが、トリニトロトルエンは金属とは反応しない。」を把握していれば解ける問題です。

(2) 正しい。トリニトロトルエンの比重は、**1.65**です。

(3) 正しい。アセトン、ベンゼンをはじめ、**アルコール**、**ジエチルエーテル**などの**有機溶剤**に溶けます。

(5) 誤り。同じニトロ化合物のピクリン酸は金属と作用して爆発性の金属塩を作りますが、このトリニトロトルエンは、金属とは反応しません。

【問題33】

ピクリン酸とトリニトロトルエンの性状について、次のうち誤っているものどれか。

(1) 常温（20℃）では固体である。

(2) 発火点は100℃未満である。

(3) ジエチルエーテルに溶ける。

(4) ピクリン酸は金属と塩を作るが、トリニトロトルエンはつくらない。

(5) 分子中に3つのニトロ基（−NO$_2$）を有している。

解説

ピクリン酸の発火点は320℃であり、トリニトロトルエンの発火点は230℃なので、いずれも100℃以上です。

〈**硝酸エステル類とニトロ化合物**〉（⇒重要ポイントは P.196, P.198）

【問題34】

次のA〜Fのうち、**硝酸エステル類**および**ニトロ化合物**に共通するものはいくつあるか。

A 可燃物である。

B 液状物質である。

C 禁水性物質である。

D 酸素含有物質である。

解 答

【問題31】…(2)　　　　　　　　　　　　【問題32】…(5)

E　腐食性物質である。

F　窒素含有物質である。

　(1)　1つ　　　(2)　2つ　　　(3)　3つ

　(4)　4つ　　　(5)　5つ

解説

A　硝酸エステル類，ニトロ化合物とも可燃物です。

B　硝酸エステル類である**硝酸エチル，硝酸メチル，ニトログリセリン**は液体
　ですが，ニトロ化合物であるピクリン酸とトリニトロトルエンは**固体（結晶）**
　です。

C　禁水性物質は第3類の危険物です。

D　いずれも分子中に酸素原子（O）を持っています（⇒P.193の化学式参照
　⇒化学式にOがある）。

F　いずれも分子中に窒素原子（N）を持っています（⇒P.193の化学式参照
　⇒化学式にNがある）。

　従って，硝酸エステル類およびニトロ化合物に共通するものは，A，D，F
の3つになります。

【問題35】

　第5類の硝酸エステル類およびニトロ化合物について，次のうちA〜Gのう
ち正しいものはいくつあるか。

A　いずれも無機化合物である。

B　いずれも酸素を含有している。

C　いずれも酸化剤である。

D　いずれも燃焼速度がきわめて速い。

E　いずれも化学的には，可燃物と酸素供給源とが共存している状態にある。

F　ニトロ化合物は，金属と激しく反応する。

G　硝酸エステル類は，水に溶けて強い酸性を示す。

　(1)　3つ　　　(2)　4つ　　　(3)　5つ

　(4)　6つ　　　(5)　7つ

解　答

【問題33】…(2)

解説

A 誤り。P.193の化学式より，いずれも分子中に炭素(C)を含有しています。

B 正しい。P.193の化学式より，いずれも分子中に酸素（O）を含有しています。

C 誤り。分子中に酸素を含有していますが，いずれも酸化剤ではありません。

D，E 正しい。第5類危険物の性状です。

F 誤り。ニトロ化合物のうち，トリニトロトルエンは，金属とは反応しません。

G 誤り。硝酸エステル類は，水にはほとんど溶けません。

　従って，正しいのは，B，D，Eの3つになります。

【ニトロソ化合物】

〈ジニトロソペンタメチレンテトラミン〉（⇒重要ポイントは P.199）

【問題36】

　ジニトロソペンタメチレンテトラミンの性状について，次のうち誤っているものはどれか。

(1) 強酸に接触すると爆発的に分解する。

(2) アセトン，メタノールによく溶ける。

(3) 急激に加熱すると，爆発的分解を起こす。

(4) 熱分解により，窒素を発生する。

(5) 摩擦，衝撃により，爆発しやすい。

解説

　ジニトロソペンタメチレンテトラミンは，アセトン，メタノールのほか，水やベンゼンには，わずかしか溶けません。

【問題37】

　天然ゴムや合成ゴムなどの起泡剤として用いられるジニトロソペンタメチレンテトラミンの性状について，次のうち誤っているものはいくつあるか。

A 淡黄色の粉末である。

解 答

【問題34】…(3)　　　　　　　　　　　　【問題35】…(1)

B　衝撃，摩擦によって爆発する危険性がある。

C　有機物と混合すると発火することがある。

D　加熱すると分解して硫化水素を発生する。

E　酸性溶液中では安定している。

　(1)　1つ　　　(2)　2つ　　　(3)　3つ

　(4)　4つ　　　(5)　5つ

解説

A　その通り。

B　第5類の危険物に共通する性状です。

C　その通り。

D　加熱すると分解して，硫化水素ではなく**窒素**や**アンモニア**，**ホルムアルデヒド**などを発生します。

E　**酸**や**有機物**と接触すると，発火する危険性があります。

　従って，誤っているのは，D，Eの2つとなります。

【ジアゾ化合物】

〈ジアゾジニトロフェノール〉（⇒重要ポイントは P.199）

【問題38】

　ジアゾジニトロフェノールの性状について，次のうち誤っているものはどれか。

(1)　黄色の粉末である。

(2)　光により変色する。

(3)　水よりも重い。

(4)　加熱により融解して安定化する。

(5)　摩擦や衝撃により爆発する。

解説

　加熱すると，爆発的に分解します。

解　答

【問題36】…(2)

【問題39】

　ジアゾジニトロフェノールの**性状**について，次のうち正しいものはどれか。

(1)　燃焼現象は爆ごうを起こしやすい。

(2)　水によく溶けるので，通常は水溶液として貯蔵する。

(3)　空気中の酸素を不燃性ガスで置換した状態では，燃焼現象は起こらない。

(4)　アセトンにはほとんど溶けない。

(5)　黒色の不定形粉末である。

解説

　この問題は，「**爆ごう**という，他の危険物にはあまりない珍しい現象を起こすのは**ジアゾジニトロフェノール**である。」ということを把握していれば解ける問題です。

(1)　ジアゾジニトロフェノールが燃焼する際，火炎が音速を超える速さで伝わることがありますが，この現象を**爆ごう**といいます。

(2)　水にはほとんど溶けません。

(3)　第5類危険物は酸素を含有しているので，不燃性ガスで置換しても燃焼は起こります。

(4)　アセトンやアルコールなどの有機溶媒には溶けます。

(5)　**黄色**の不定形粉末です。

【問題40】

　ジアゾジニトロフェノールの貯蔵，取扱いについて，次のうち誤っているものはどれか。

(1)　直射日光を避けて貯蔵する。

(2)　水中に貯蔵する。

(3)　粉末を散乱させないように取り扱う。

(4)　塊状のものは，麻袋に詰めて打撃により粉砕する。

(5)　火気厳禁とする。

解　答

【問題37】…(2)　　　　　　　　　　【問題38】…(4)

解説

ジアゾジニトロフェノールに打撃などの衝撃を加えると，爆発する危険性があります。

【ヒドラジンの誘導体】

〈硫酸ヒドラジン〉（⇒重要ポイントは P.199）

【問題41】

硫酸ヒドラジンの性状について，次のうち誤っているものはどれか。

(1)　無色または白色の結晶である。

(2)　無臭である。

(3)　還元性を有し酸化されやすい。

(4)　水溶液はアルカリ性を示す。

(5)　燃焼時に有毒なガスを発生する。

解説

この問題は，「硫酸の水溶液は**酸性**である。」ということを把握していれば，解答が予想できる問題です。

硫酸ヒドラジンの水溶液は**酸性**です。

【問題42】

ヒドラジンの誘導体である硫酸ヒドラジンについて，次のうち誤っているものはどれか。

(1)　酸化性が強く，酸化剤とは激しく反応する。

(2)　冷水には溶けないが，温水には溶ける。

(3)　日光をさけて貯蔵する。

(4)　アルコールには溶けず，また，エーテルにも溶けにくい。

(5)　水溶液は鉄製容器を腐食する。

解　答

【問題39】…(1)　　　　　　　　　　【問題40】…(4)

解説

　硫酸ヒドラジンは，相手から酸素を奪う性質（＝**還元性**）のある物質です。
（「酸化剤とは激しく反応する」については正しい）。

【その他】

〈ヒドロキシルアミン〉（⇒重要ポイントは P.200）

【問題43】

　ヒドロキシルアミンの性状について，次のうち誤っているものはどれか。

(1)　エーテルによく溶ける。

(2)　強力な還元剤である。

(3)　加熱すると，発火，爆発のおそれがある。

(4)　過マンガン酸カリウムと接触すると発火，爆発のおそれがある。

(5)　高濃度の水溶液に，鉄イオンが存在すると発火，爆発のおそれがある。

解説

　ヒドロキシルアミンは，エーテルにはわずかしか溶けません。

【問題44】

　ヒドロキシルアミンの貯蔵，取扱方法について，次のA～Eのうち，適切でないものを組み合わせたものはどれか。

A　乾燥した冷所に密閉して貯蔵する。

B　安定させるため，水酸化ナトリウムを混入する。

C　二酸化炭素と共存させない。

D　裸火，火花，高温面と接触させない。

E　設備や容器は金属（鉄，銅）製のものにする。

　(1)　AとC　　　(2)　AとD　　　(3)　BとD

　(4)　BとE　　　(5)　CとE

解説

A　ヒドロキシルアミンの適切な貯蔵法です。

解　答

【問題41】…(4)　　　　　　　　　　　　【問題42】…(1)

B　水酸化ナトリウムとは激しく反応するので，不適切です。

C　二酸化炭素と接触すると分解が進むので，適切です。

D　裸火，火花，高温面と接触させると，爆発する危険性があります。

E　水溶液に，鉄イオンが存在すると発火，爆発のおそれがあるので，設備や容器に金属製のものを使用せず，**ガラス製**などのものを使用します。

　　従って，適切でないものは，(4)のBとEになります。

〈硫酸ヒドロキシルアミン〉（⇒重要ポイントは P.200）

【問題45】 　特急　★

硫酸ヒドロキシルアミンの性状について，次のうち誤っているものはどれか。

(1)　無色または白色の結晶である。

(2)　ガラス製容器を溶かす。

(3)　水によく溶ける。

(4)　強力な還元剤である。

(5)　加熱により，刺激性のある有毒ガスを発生する。

解説

　硫酸ヒドロキシルアミンは，金属を腐食させるので，**ガラス製**や**ポリエチレン製容器**に貯蔵します。なお，(5)の有毒ガスは，硫黄酸化物や窒素酸化物です。

【問題46】 　急行　★

硫酸ヒドロキシルアミンの性状について，次のうち誤っているものはどれか。

(1)　水より重い。

(2)　エーテルによく溶ける。

(3)　酸化剤とは，激しく反応する。

(4)　水溶液は鉄製容器を腐食する。

(5)　加熱により，刺激性のある有毒ガスを発生する。

解説

(1)　硫酸ヒドロキシルアミンの比重は**1.9**です。

(2)　硫酸ヒドロキシルアミンは，水には溶けますが，**アルコールやエーテルに**

解答

【問題43】…(1)　　　　　　　　　　　【問題44】…(4)

は溶けません。

(3)〜(5)　硫酸ヒドロキシルアミンの性状です。

【問題47】

　硫酸ヒドロキシルアミンの性状について，次のうち誤っているものはどれか。

(1)　腐食性がある。
(2)　粉じん爆発のおそれはない。
(3)　強い還元性がある。
(4)　自己反応性がある。
(5)　水溶液は酸性を示す。

解説

　硫酸ヒドロキシルアミンの粉じんが空気中に舞上がると，粉じん爆発のおそれがあります。

【問題48】　特急★★

　硫酸ヒドロキシルアミンの貯蔵，取扱い貯蔵，取扱いについて，次のうち誤っているものはどれか。

(1)　粉塵の吸入を避ける。
(2)　乾燥した場所に貯蔵する。
(3)　クラフト紙袋に入った状態で流通することがある。
(4)　高温になる場所に貯蔵しない。
(5)　水溶液はガラス製容器に貯蔵してはならない。

解説

　問題45の解説より，硫酸ヒドロキシルアミンは，金属を腐食させるので，ガラス製やポリエチレン製容器に貯蔵します。

【問題49】

　硫酸ヒドロキシルアミンの貯蔵，取扱いの注意事項として，次のA〜Eのうち誤っているものはいくつあるか。

解　答

【問題45】…(2)　　　　　　　　【問題46】…(2)

A　長期間貯蔵する場合は，安定剤として酸化剤を使用する。

B　取扱いは，換気のよい場所で行い，保護具を使用する。

C　炎，火花または高温体との接近を避ける。

D　分解ガスが発生しやすいため，ガス抜き口を設けた容器を使用する。

E　アルカリ物質が存在すると，爆発的な分解が起こる場合があるので注意する。

　(1)　1つ　　　(2)　2つ　　　(3)　3つ

　(4)　4つ　　　(5)　5つ

解説

A　硫酸ヒドロキシルアミンは強い**還元剤**なので，酸化剤と接触すると爆発する危険性があります。

D　第５類危険物で，ガス抜き口を設けた容器を使用するのは**エチルメチルケトンパーオキサイド**だけです。

　従って，誤っているのは，A，Dの２つになります。

【問題50】

　硫酸ヒドロキシルアミンの貯蔵，取扱いの注意事項として，次のA～Eのうち正しいものはいくつあるか。

A　湿潤な場所に貯蔵する。

B　クラフト紙袋に入った状態で流通することがある。

C　潮解性があるため，容器は密封して貯蔵する。

D　漏出時は，大量の水で河川や下水溝等へ洗い流す。

E　粉塵の吸入を避ける。

　(1)　1つ　　　(2)　2つ　　　(3)　3つ

　(4)　4つ　　　(5)　5

解説

A　水溶液は強い酸性を示し，金属を腐食させるので，**乾燥状態**を保って貯蔵します。

B，C　硫酸ヒドロキシルアミンの適切な貯蔵・取扱い法です。

解　答

【問題47】…(2)　　　　　　　　　　【問題48】…(5)

D　漏出時は，**吸収剤**に吸着させて**適切な廃棄処理**を行う必要があり，河川や下水溝等へ洗い流してはいけません。

E　その通り。

従って，正しいのは，B，C，Eの3つになります。

〈**アジ化ナトリウム**〉（⇒重要ポイントはP.200）

【問題51】　急行★

アジ化ナトリウムの性状について，次のうち誤っているものはどれか。

(1)　無色（白色）の結晶である。

(2)　酸と反応して，有毒で爆発性のアジ化水素酸を生成する。

(3)　水によく溶ける。

(4)　空気中で急激に加熱すると激しく分解し，爆発することがある。

(5)　アルカリ金属とは激しく反応するが，銅，銀に対しては安定である。

解説

アジ化ナトリウムは，**銅，銀，鉛，水銀**などの重金属と反応して，**爆発性のアジ化物**を生じるので，「銅，銀に対しては安定」というのは，誤りです。

【問題52】

アジ化ナトリウムの性状について，次のうち誤っているものはどれか。

(1)　比重が1より大きい。

(2)　アジ化ナトリウム自体に爆発性はない。

(3)　徐々に加熱すれば，融解して約300℃で分解し，窒素とナトリウムを生じる。

(4)　酸と反応して，有毒で爆発性を持つアジ化水素酸を生じる。

(5)　水の存在で重金属と作用して，安定な塩をつくる。

解説

水の存在で重金属と反応しますが，安定な塩ではなく，**爆発性のアジ化物**をつくります。

解　答

【問題49】…(2)　　　　　　　　　　　【問題50】…(3)

【問題53】

次の物質のうち，アジ化ナトリウムと接触することにより発火，爆発のおそれのないものはどれか。

(1)　二硫化炭素　　(2)　水　　(3)　水銀
(4)　酸　　　　　　(5)　銅

解説

アジ化ナトリウムは，**重金属**（銀，水銀，銅，鉛）や**酸**，**二硫化炭素**とは，激しく反応して爆発するおそれがあります。よって，残りの**水**が正解です。

なお，アジ化ナトリウムに注水厳禁なのは，あくまでも火災などにより熱せられたアジ化ナトリウムが**金属ナトリウム**を生成し（⇒第3類危険物の禁水性物質），そのナトリウムと水とが反応して**水素**を発生するからです。

よって，熱せられていないアジ化ナトリウムの場合，金属ナトリウムを生成していないので，水と接触しても水素を発生せず，爆発するおそれもありません。

【問題54】

アジ化ナトリウムの貯蔵，取扱いについて，次のうち誤っているものはどれか。

(1)　直射日光を避けて貯蔵する。
(2)　金属粉（特に重金属）と一緒に貯蔵しないようにする。
(3)　皮膚に触れると薬傷を起こすので，付着した場合は十分水洗いをする。
(4)　貯蔵容器のふたは，通気性のあるものを使用する。
(5)　酸によって，有毒かつ爆発性のアジ化水素を生成する。

解説

 この問題は，「第5類危険物の**エチルメチルケトンパーオキサイド**と第6類危険物の**過酸化水素**は容器を密栓せず，通気性を持たせる」ということを把握していれば解ける問題です。

第5類危険物で通気性のある容器を使用するのは，**エチルメチルケトンパー**

解　答

【問題51】…(5)　　　　　　　　【問題52】…(5)

オキサイドだけです。

【問題55】

　アジ化ナトリウムの貯蔵，取扱いに関して，次のうち誤っているものはどれか。

(1)　直射日光を避け，換気のよい冷所に貯蔵する。

(2)　酸や金属粉（特に重金属）と一緒に貯蔵しない。

(3)　加熱，衝撃を避けるとともに密封して貯蔵する。

(4)　有毒であるので吸入しない。また，目や皮膚，衣服等への接触を避ける。

(5)　貯蔵には，保護液として水を使用する。

|解説|

　貯蔵する際は，容器を密封して，冷暗所に保管します（保護液は使用しない）。

【問題56】

　アジ化ナトリウムを貯蔵し，取り扱う施設を造る場合，次のA～Eの構造および設備のうち，アジ化ナトリウムの性状に照らして適切なもののみを組み合わせたものはどれか。

A　屋根に日の差し込む大きな天窓を造る。

B　鉄筋コンクリートの床を地盤面より高く造る。

C　危険物用として強化液を放射する大型の消火器を設置する。

D　酸等の薬品と共用する鋼鉄製大型保管庫を設置する。

E　換気装置を設置する。

　(1)　AとB　　　(2)　BとC　　　(3)　BとE

　(4)　CとD　　　(5)　CとE

|解説|

A　直射日光を避けて貯蔵します。

B　アジ化ナトリウムの貯蔵，取り扱い法として適切です。

C　アジ化ナトリウムに水系の消火器は厳禁です。

D　酸等の薬品と接触すると，爆発性のアジ化水素酸を生成するので，いっしょ

| 解　答 |

【問題53】…(2)　　　　　　　　　　　　【問題54】…(4)

に貯蔵するのは不適切です。

E　アジ化ナトリウムの貯蔵，取り扱い法として適切です。

　従って，適切なものは，(3)のBとEになります。

【問題57】

　アジ化ナトリウムの火災および消火方法について，次のうち誤っているものはどれか。

(1)　重金属との混合により，発熱，発火することがある。

(2)　火災時には，刺激性の白煙を多量に発生する。

(3)　火災時には，熱分解によりナトリウムを生成することがある。

(4)　消火には，ハロゲン化物を放射する消火器を使用する。

(5)　消火には，水を使用してはならない。

解説

 この問題は，「第５類危険物に**二酸化炭素消火剤，ハロゲン化物消火剤，粉末消火剤は適応しない**」というポイントを把握していれば解ける問題です。

　第５類危険物の消火には，**二酸化炭素消火剤，ハロゲン化物消火剤，粉末消火剤**は適応しません。

〈**硝酸グアニジン**〉(⇒重要ポイントは P.201)

【問題58】

　硝酸グアニジンの性状等について，次のうち誤っているものはどれか。

(1)　水より重い。

(2)　毒性がある。

(3)　水，エタノールに不溶である。

(4)　急激な加熱，衝撃により爆発するおそれがある。

(5)　可燃性物質と混触すると発火するおそれがある。

解　答

【問題55】…(5)　　　　　　　　　　【問題56】…(3)

【解説】

　硝酸グアニジンは，水のほかエタノールなどのアルコールにも溶けます。

【問題59】

　硝酸グアニジンの性状等について，次のうち誤っているものはどれか。

(1)　橙色の結晶である。

(2)　水に溶ける。

(3)　可燃物や引火性物質とは隔離して貯蔵する。

(4)　大量注水により消火するのが適切である。

(5)　融点は215℃程度である。

【解説】

　硝酸グアニジンは，無色または白色の結晶（固体）です。

【総合】

【問題60】

　次の第5類危険物のうち，水溶性のものはいくつあるか。

A　ピクリン酸　　　　　　B　過酢酸

C　過酸化ベンゾイル　　　D　ニトロセルロース

E　アジ化ナトリウム　　　F　硝酸グアニジン

(1)　1つ　　　(2)　2つ　　　(3)　3つ

(4)　4つ　　　(5)　5つ

【解説】

　ほとんどの第5類危険物は水には溶けませんが，Bの過酢酸とEのアジ化ナトリウム，Fの硝酸グアニジンは水に溶けます。なお，その他，硝酸エチルは水に少溶で硫酸ヒドラジンは温水に溶けます。

【問題61】

　次の第5類危険物のうち，物質の色が白または無色でないものはどれか。

| 解　答 |

【問題57】…(4)　　　　　　　　【問題58】…(3)

(1)　エチルメチルケトンパーオキサイド

(2)　過酢酸

(3)　ニトロセルロース

(4)　ピクリン酸

(5)　アジ化ナトリウム

解説

(1), (2)　無色の液体です。

(3)　無色（または白色）の固体です。

(4)　ピクリン酸は，黄色の結晶です。

(5)　無色の結晶です。

【問題62】

　次の第５類危険物のうち，無機化合物はいくつあるか。

A　過酸化ベンゾイル

B　アジ化ナトリウム

C　硫酸ヒドラジン

D　硫酸ヒドロキシルアミン

E　エチルメチルケトンパーオキサイド

　(1)　1つ　　　(2)　2つ　　　(3)　3つ

　(4)　4つ　　　(5)　5つ

解説

　この問題は，「第５類危険物の総まとめの(6)（無機化合物はアジ化ナトリウム，硫酸ヒドラジン，硫酸ヒドロキシルアミンのみ）」ということを把握していれば解ける問題です（⇒P.238）。

　ほとんどの第５類危険物は有機化合物（分子式に炭素Ｃが含まれている）ですが，Bのアジ化ナトリウム，Cの硫酸ヒドラジン，Dの硫酸ヒドロキシルアミンは無機化合物です。

解　答

【問題59】…(1)　　　　　　　　　　　【問題60】…(3)

【問題63】

　次の第5類危険物のうち，引火点を有するものはいくつあるか。

A　硝酸エチル　　　B　硝酸メチル　　　C　過酢酸

D　ピクリン酸　　　E　エチルメチルケトンパーオキサイド

　(1)　1つ　　　(2)　2つ　　　(3)　3つ

　(4)　4つ　　　(5)　5つ

解説

　すべて引火性の物質です（⇒P.238第5類危険物の総まとめの(7)参照）。

【問題64】

　次の第5類危険物のうち，自然発火のおそれがあるものはどれか。

(1)　ニトロセルロース

(2)　硫酸ヒドラジン

(3)　硫酸ヒドロキシルアミン

(4)　エチルメチルケトンパーオキサイド

(5)　ピクリン酸

解説

　ニトロセルロースは，加熱，衝撃や日光などによって分解が進むと自然発火
のおそれがあります。

【問題65】

　次の第5類危険物のうち，強い酸化作用を持つものはいくつあるか。

A　過酸化ベンゾイル

B　過酢酸

C　エチルメチルケトンパーオキサイド

D　硝酸グアニジン

E　硫酸ヒドラジン

　(1)　1つ　　　(2)　2つ　　　(3)　3つ

　(4)　4つ　　　(5)　5つ

解　答

【問題61】…(4)　　　　　　　　　　【問題62】…(3)

解説

Eの硫酸ヒドラジンは，強い**還元作用**を持つ物質です。

【問題66】

　次の第5類危険物のうち，**注水消火できない物質**はどれか。

(1)　アジ化ナトリウム

(2)　過酸化ベンゾイル

(3)　エチルメチルケトンパーオキサイド

(4)　ピクリン酸

(5)　硝酸エチル

解説

　この問題は，「第5類危険物で注水厳禁なのは**アジ化ナトリウムの**　　み」ということを把握していれば解ける問題です。

　アジ化ナトリウムは，火災により熱分解し，金属ナトリウムを生成し（⇒第3類の禁水性物質），水と接触すると**水素**を発生するので，水による消火は厳禁です。

【問題67】

　次の第5類危険物のうち，**特に乾燥させると危険性が増加するもの**はいくつあるか。

A　過酢酸　　　　　　　B　過酸化ベンゾイル　　　C　ピクリン酸
D　ニトログリセリン　　E　ニトロセルロース

　(1)　1つ　　　(2)　2つ　　　(3)　3つ

　(4)　4つ　　　(5)　5つ

解説

　第5類危険物のうち，特に乾燥させると危険性が増加するものは，Bの**過酸化ベンゾイル**とCの**ピクリン酸**およびEの**ニトロセルロース**です。

　（⇒P.239第5類危険物の総まとめの(13)参照）

解　答

【問題63】…(5)　【問題64】…(1)　【問題65】…(4)　【問題66】…(1)　【問題67】…(3)

第5類危険物の総まとめ

（1）比重は1より大きい。

（2）**自己燃焼**しやすい（自身に**酸素を含んでいる**ので）。

（3）水溶性
　水に溶けないものが多い（ピクリン酸，過酢酸，アジ化ナトリウム，硝酸グアニジンなどは水に溶け（硝酸エチルは少溶），硫酸ヒドラジンは温水に溶ける）。

（4）色
　ほとんど**無色**（または**白色**）であるが，ニトロ化合物（**ピクリン酸，トリニトロトルエン**），ニトロソ化合物（**ジニトロペンタメチレンテトラミン**），ジアゾ化合物（**ジアゾジニトロフェノール**）は**黄色**か**淡黄色**。

（5）形状
　固体のものが多いが，次のものは液体である。
　メチルエチルケトンパーオキサイド，過酢酸，硝酸エチル，硝酸メチル，ニトログリセリン

（6）ほとんどのものは**有機化合物**である（アジ化ナトリウム，硫酸ヒドラジン，硫酸ヒドロキシルアミンなどは**無機化合物**）。

（7）引火性があるもの
　硝酸エチル，硝酸メチル，過酢酸，メチルエチルケトンパーオキサイド，ピクリン酸（硝酸エチル，硝酸メチルの引火点は常温より低いので注意！）

（8）自然発火性を有するもの
　過酸化ベンゾイル，ニトロセルロース。

（9）強い酸化作用があるもの。
　過酸化ベンゾイル，メチルエチルケトンパーオキサイド，過酢酸，硝酸グア

ニジン。

(10) 燃焼速度が**速く，消火が困難**である。

(11) 消火の際は，一般的には**水や泡消火剤**を用いるが，**アジ化ナトリウム**には**注水厳禁**である。

(12) **メチルエチルケトンパーオーキサイド**の容器は**通気性**をもたせる（その他の危険物は密封する）。

(13) 乾燥させると危険なもの（湿らせた状態で貯蔵するもの）
過酸化ベンゾイル，ピクリン酸，ニトロセルロース。

第6章
第6類の危険物

第6類に共通する特性の重要ポイント

（1）共通する性状

1．**不燃性**で水よりも**重い**（比重が1より大きい）。
2．一般に水に**溶けやすい**。
3．水と激しく反応し，**発熱**するものがある。
4．**還元剤**とはよく反応する。
5．**無機化合物**（炭素を含まない）である。
6．**強酸化剤**なので，**可燃物，有機物**と接触すると，発火させることがある。
7．**腐食性**があり，皮膚を侵し，また，蒸気は有毒である。

（2）貯蔵および取扱い上の注意

1．**可燃物，有機物，還元剤**との接触をさける。
2．容器は**耐酸性**とし，密栓＊して通風のよい冷暗所に貯蔵する（＊**過酸化水素は例外⇒密栓しない**）。
3．火気，直射日光をさける。
4．水と反応するものは，水と接触しないようにする。
5．取扱う際は，**保護具**を着用する（皮膚を腐食するため）。

（3）消火の方法

1．燃焼物（第6類危険物によって発火，燃焼させられている物質）に適応する消火剤を用いる。
2．**乾燥砂**等は第6類すべてに有効である。
3．**二酸化炭素，ハロゲン化物，粉末消火剤**（炭酸水素塩類のもの）は適応しないので，使用をさける。
なお流出した場合は，**乾燥砂**をかけるか，あるいは，**中和剤**で中和させる。

第6類に共通する特性のまとめ

共通する性状	比重が**1より大きく**，一般に水に**溶けやすい**が水と激しく反応するものもある**無機化合物**である。
貯蔵，取扱い方法	**火気，日光，可燃物等**を避け，**耐酸性の容器**を**密栓**して（例外あり）**通風のよい**場所で貯蔵，取扱う。

消火方法	適応する消火剤	適応しない消火剤
	・<u>**水系の消火剤**（**水，強化液，泡**）</u> ・**粉末消火剤**（**リン酸塩類**） ・**乾燥砂**など	・**二酸化炭素消火剤** ・**ハロゲン化物消火剤** ・**粉末消火剤**（炭酸水素塩類）
	（下線部⇒ただし，**ハロゲン間化合物**は**水系厳禁**！）	

第6類に共通する特性の問題

〈第6類に共通する性状〉（⇒重要ポイントは P.242）

【問題1】

第6類の危険物の性状について，次のうち誤っているものはどれか。

(1)　有機物などに接触すると発火させる危険がある。

(2)　加熱すると分解して酸素を発生するものがある。

(3)　腐食性が強いものが多い。

(4)　強酸化剤であるが，高温になると還元剤として作用する。

(5)　それ自体は不燃性である。

解説

　過酸化水素のように，もともと酸化剤であっても相手が自分より強い酸化剤の場合に還元剤として働くものはありますが，高温になったからといって還元剤として作用するものはありません。

【問題2】　　急行★

第6類の危険物の性状について，次のうち誤っているものはどれか。

(1)　いずれも強い酸化性の液体である。

(2)　加熱すると，刺激性の有毒ガスを発生するものがある。

(3)　加熱すると，分解して爆発するものがある。

(4)　水と接触すると，いずれも激しく発熱する。

(5)　分子中に酸素を含まないものがある。

解説

(1)　第6類危険物に共通の性状です。

(2)　**硝酸**を加熱すると，有毒な**窒素酸化物**（二酸化窒素）を発生します。

(3)　**過塩素酸**を加熱すると，分解して爆発することがあります。

(4)　一般的に，第6類危険物が水と接触すると激しく発熱しますが，**過酸化水素**の場合は，水とは反応しません。

解　答

　解答は次ページの下欄にあります。

(5)　次のハロゲン間化合物の（　）内の分子式を見てください。

三フッ化臭素（BrF$_3$），五フッ化臭素（BrF$_5$），五フッ化ヨウ素（IF$_5$）

いずれも，分子中に酸素（O）を含んでいません。

【問題 3】

第 6 類の危険物の性状について，次のうち誤っているものはどれか。

(1)　液体であり，自らは不燃性である。

(2)　有機物と混合すると，これを酸化させ，発火させることがある。

(3)　水と反応するものはない。

(4)　多くは分解によって酸素を放出する。

(5)　多くは腐食性を有する。

解説

　P.295の(6)，水と反応して発熱するものより，**過塩素酸，三フッ化臭素，五フッ化臭素，硝酸（高濃度の場合）**はいずれも水と反応して発熱します。

【問題 4】 　特急★

第 6 類の危険物の性状について，次のうち誤っているものはどれか。

(1)　いずれも衝撃により爆発的に燃焼する。

(2)　有機化合物ではない。

(3)　可燃物と接触すると，可燃物を発火または爆発させるおそれがある。

(4)　常温（20℃）では液体であるが，0℃では固化しているものがある。

(5)　比重が 1 より大きい。

解説

 　この問題は，「第 6 類危険物は不燃性⇒燃えない」ということを把握していれば解ける問題です。

(1)　第 6 類危険物自身は**不燃性**なので，有機物などが混在しない限り，自身が燃焼することはありません。

(2)　正しい。いずれも分子式に炭素（C）を含んでいない無機化合物です。

解　答

【問題 1】…(4)　　　　　　　　　【問題 2】…(4)

(3) 正しい。

(4) 正しい。ハロゲン間化合物の三フッ化臭素や五フッ化ヨウ素の融点（固体から液体になる温度）は約9℃なので（⇒約9℃になるまで固化している状態），それより低い温度の0℃では固化しているもの，ということになります。

(5) 正しい。

【問題5】

　第6類の危険物に共通する特性として，次のA～Dのうち，正しいものをすべて掲げているものはどれか。

A　有機物を混ぜるとこれを酸化させ，発火させることがある。

B　引火点を有しない。

C　水とは任意の割合で混合し，反応しない。

D　無色，無臭の液体である。

　(1)　A　　　　(2)　A，B　　　(3)　A，B，C

　(4)　B，D　　(5)　B，C，D

解説

C　問題3の解説より，水と反応するものもあります。

D　発煙硝酸は赤色または赤褐色の液体でそれ以外は無色です。また，無臭ではなく，いずれも刺激臭のある液体です。

　従って，正しいのは，(2)のA，Bになります。

〈第6類に共通する貯蔵，取扱いおよび消火の方法〉（⇒重要ポイントは P.242）

【問題6】　／⊙⊙‐ 急 行 ★

　第6類の危険物（ハロゲン間化合物を除く）　の貯蔵を次のとおり行った。適切でないものはどれか。

(1)　容器を排水設備を施した木製の台の上に置いた。

(2)　貯蔵場所に，常に大量の水を使用できる設備を備えた。

(3)　可燃物や分解を促進する物品との接触や加熱を避けた。

(4)　火災に備えて，消火バケツ，貯水槽を設けた。

解　答

【問題3】…(3)　　　　　　　　　　【問題4】…(1)

(5)　容器にガラス製のものを用いた。

解説

　この問題は，「木製の台＝可燃物」ということを把握していれば解ける問題です。

　第 6 類危険物は強力な酸化剤なので，可燃物や有機物と接触すると発火するおそれがあります。

　従って，木製の台は可燃物なので，発火するおそれがあり，不適切です。

【問題 7】

　第 6 類の危険物（ハロゲン間化合物を除く）の貯蔵，取扱いについて，次のうち不適切なものはどれか。
(1)　可燃物，有機物，還元剤との接触をさける。
(2)　容器は耐酸性とし，通風のよい冷暗所に貯蔵する。
(3)　換気をよくする。
(4)　空気と接触しないようにして貯蔵する。
(5)　取扱う際は，保護具を着用する。

解説

　空気と接触しないようにして貯蔵する必要があるのは第 3 類の**自然発火性物質**であり，第 6 類の危険物には該当しません。

【問題 8】

　第 6 類の危険物に共通する火災予防上，最も注意しなければならない事項は，次のうちどれか。
(1)　水と接触しないようにする。
(2)　通気性のある容器を使用する。
(3)　還元剤との接触を避ける。
(4)　湿度を低く保つ。
(5)　空気と接触を避ける。

解 答

【問題 5】 …(2)

解説

　　　　この問題は，「第6類危険物＝**酸化剤**⇒正反対の性質の還元剤とは
　　　接触を避ける」ということを把握していれば解ける問題です。

　第6類危険物は強力な酸化剤であり，還元剤と接触すると，発火や爆発する
危険性があります。

【問題9】

　第6類の危険物を運搬する場合，次の注意を行ったが，適切でないものはど
れか。

(1)　運搬容器の外部に，緊急時の対応を円滑にするため，「容器イエローカー
　　ド」のラベルを貼った。

(2)　第1類以外の他の類の危険物と混載を避けた。

(3)　日光の直射を避けるため，遮光性のある被膜で覆った。

(4)　プロパンガスの入っている容器と一緒に積載した。

(5)　運搬容器は耐酸性のあるものとした。

解説

　プロパンガスは可燃物なので，第6類の危険物と一緒に積載（混載）するの
は不適切です。

　なお，(2)の混載ですが，第6類危険物が同一車両で運搬できるのは第1類の
みで，その他の類とは混載できません。

【問題10】　急行

　第6類の危険物の火災予防，消火の方法として，次のうち誤っているものは
どれか。

(1)　酸化力が強く，可燃物との接触を避ける。

(2)　火気や日光の直射を避けて貯蔵する。

(3)　自己燃焼性があり，不安定で衝撃，摩擦等により爆発するので，取り扱い
　　には十分注意する。

(4)　容器にガラス製のものを用いた（ハロゲン間化合物は除く）。

解　答

【問題6】…(1)　　　　　　【問題7】…(4)　　　　　　【問題8】…(3)

(5)　一般に水系の消火剤を使用するが，水と反応するものは避ける。

解説

　　第 6 類危険物＝不燃性なので，「燃焼」とあれば誤りです。

　自己燃焼性があるのは第 5 類危険物であり，第 6 類危険物は**不燃性の液体**です。なお，(5)の「水と反応するもの」とはハロゲン間化合物です。

【問題11】
　第 6 類の危険物の火災予防，消火の方法として，次のうち誤っているものはどれか。
(1)　火源があれば燃焼するので，取扱いに十分注意する。
(2)　日光の直射，熱源を避けて貯蔵する。
(3)　分解を促進する物品とは，接触しないようにする。
(4)　可燃物，有機物との接触を避ける。
(5)　水系消火剤の使用は，適応しないものがある。

解説

　　第 6 類危険物＝不燃性なので，「燃焼」とあれば誤りです。

　第 6 類危険物は，**不燃性の液体**なので，火源があっても燃焼しません。
　なお，(5)については，三フッ化臭素などのハロゲン間化合物が該当します。

【問題12】
　第 6 類の危険物(ハロゲン間化合物を除く)にかかる火災の消火方法として，次のA～Eのうち，一般に**不適切**とされているもののみを掲げているものはどれか。
A　ハロゲン化物消火剤を放射する。
B　霧状の水を消火剤を放射する。

解　答

【問題 9 】…(4)

C　乾燥砂で覆う。

D　霧状の強化液消火剤を放射する。

E　二酸化炭素消火剤を放射する。

(1)　AとB　　　(2)　AとE　　　(3)　BとD

(4)　CとD　　　(5)　CとE

解説

　　この問題は，「第6類危険物の総まとめの(11)第6類に適応しない消火剤（二酸化炭素消火剤，ハロゲン化物消火剤，粉末消火剤（炭酸水素塩類)」を把握していれば解ける問題です（⇒P.295)。

　第6類の危険物の消火に，Eの**二酸化炭素消火剤**とAの**ハロゲン化物消火剤**は適応しません。

【問題13】

　第6類の危険物（ハロゲン間化合物を除く）にかかわる火災の一般的な消火方法について，次のA～Eのうち正しいものはいくつあるか。

A　おがくずを散布し，危険物を吸収させて消火する。

B　霧状注水は，いかなる場合でも避ける。

C　化学泡消火剤による消火は，いかなる場合でも避ける。

D　霧状の強化液を放射して消火する。

E　人体に有害なので，消火の際は防護衣や空気呼吸器などを使用する。

(1)　なし　　　(2)　1つ　　　(3)　2つ

(4)　3つ　　　(5)　4つ

解説

A　おがくずは可燃物であり，第6類危険物は可燃物と接触すると，発火するおそれがあるので，不適切です。

B　硝酸は燃焼物に適応した消火剤を用いますが，過塩素酸や過酸化水素の場合は，霧状注水を含む**水系の消火剤**を用います。

C，D　Bの解説より，化学泡消火剤も霧状の強化液も水系の消火剤なので，

　Cが誤りで，Dは正しい。

E　適切である。

　従って，正しいものは「DとE」ということになります。

第6類危険物の性質早見表

第6類危険物に属する品名および主な物質は、次のようになります。

液は液体、晶は結晶、粉は粉末

（注：品名と物質名が同じものは省略）

品　名	物質名	化学式	形状	比重	水溶性	単独爆発	消火
①過塩素酸	（品名と同じ）	$HClO_4$	無液	1.77	○	○	水
②過酸化水素	（品名と同じ）	H_2O_2	無液	1.50	○	○	水
③硝酸	（品名と同じ）	HNO_3	無液	1.50	○		（＊）
④その他のもので政令で定めるもの	フッ化塩素三フッ化臭素五フッ化臭素五フッ化ヨウ素	BrF_3 BrF_5 IF_5	無液無液無液	2.84 2.46 2.30			粉、砂

（＊燃焼物に適応した消火剤）

〈重要〉

第6類危険物は、不燃性で比重が1より大きい

③ 第6類危険物に属する各物質の重要ポイント

> 注）原則として，〈貯蔵，取扱い法〉については，「**第6類に共通する貯蔵，取扱い法**」であれば**省略**してありますが，その物質特有の特徴があれば表示してあります。）

〈第6類に共通する貯蔵法，取扱い法〉
・**火気**，**日光**，**可燃物**等を避け，**耐酸性**の容器を**密栓**して通風のよい場所で貯蔵し，取扱う。

（1）過塩素酸 （有毒できわめて不安定な強酸化剤）

〈性状〉
1. 無色で刺激臭のある**油状**の**発煙性**液体である。
2. 水溶液は**強酸性**を示し，多くの金属と反応して**水素**を発生する。
3. **不燃性**ではあるが，加熱をすると（**塩化水素を発生して**）**爆発**する。
4. 無水物は，**亜鉛**のほか，イオン化傾向の小さな**銀**や**銅**とも反応して酸化物を生じる。

〈貯蔵，取扱い法〉
・**腐食性**があるので，鋼製の容器に収納せず，**ガラスびん**などに入れて，通風のよい**冷暗所**に貯蔵する。

〈消火方法〉
・**大量注水**で消火

（2）過酸化水素 急行

〈性状〉
1. 無色で**油状**の液体である。
2. 水溶液は**弱酸性**である。

3．水やアルコールなどには溶けるが，石油，ベンジンなどには溶けない。

4．有機物や可燃物（エタノールなど）および金属粉（銅，クロム，マンガン，鉄）と接触すると，発火あるいは爆発する危険性がある。

5．熱，日光により分解し，酸素を発生して水になる。

6．きわめて不安定で，尿酸，リン酸などが安定剤として用いられている。

7．相手が過マンガン酸カリウムやニクロム酸カリウムなどの強力な酸化剤の場合は，還元剤として働く。

8．漏えいしたときは多量の水で洗い流す。

〈貯蔵，取扱い法〉

・容器は密栓せず，通気孔を設ける。

〈消火方法〉

・大量注水で消火

（3）硝酸 　特急★★

〈性状〉

1．無色（純品）または黄褐色の液体である。

2．水に溶けて発熱し，水溶液は強い酸性を示す。

3．水素よりイオン化傾向の小さな金属（銀や銅）をも腐食させるが，金と白金は腐食させることができない。

4．鉄やニッケル，アルミニウムなどは，希硝酸には溶かされ腐食するが，濃硝酸には不動態皮膜（酸化皮膜）を作り溶かされない。

5．二硫化炭素，アルコール，アミン類，ヒドラジン，濃アンモニア水などと混合すると，発火または爆発する。

6．有機物（紙，木材等）と接触すると，発火，爆発する危険性がある。

7．硫酸，塩酸，二酸化炭素と接触しても発火，爆発はしない。

8．加熱，日光，金属粉との接触により酸素と有毒な窒素酸化物（二酸化窒素）を発生する。

（$4\,HNO_2 \rightarrow 4\,NO_2 + 2\,H_2O + O_2$）

〈貯蔵，取扱い法〉

・容器は，ステンレスやアルミニウム製のものを使用する。

〈消火方法〉

1．**水**や**泡**（水溶性液体用泡消火剤）などで消火する（基本的には**燃焼物に適応した消火剤**を用いる）。

2．流出した際は，**土砂**をかけて流出を阻止するか**水**で洗い流す，あるいは，**炭酸ナトリウム**（ソーダ灰），**水酸化カルシウム**（消石灰）で**中和**させる。

（4）ハロゲン間化合物 （三フッ化臭素, 五フッ化臭素, 五フッ化ヨウ素）

〈性状〉

1．フッ化物は，一般的に**無色**で**揮発性**の液体である。

2．**水**と激しく反応して**フッ化水素**を発生するものが多い（⇒注水消火はNG！）。

3．多数の**フッ素原子**を含むものほど反応性に富み，ほとんどの金属，非金属と反応して（酸化させて）**フッ化物**をつくる。

〈貯蔵，取扱い法〉

1．**水**や**可燃物**と接触させない。

2．**ガラス製容器**は使用しない（腐食するため）。

〈消火方法〉

注水は厳禁！（リン酸塩類の**粉末消火剤**または**乾燥砂**で消火する（ソーダ灰，石灰も有効））。

〈各物質のポイント〉

三フッ化臭素	空気中で**発煙**する。
五フッ化臭素	三フッ化臭素より反応性に富む。

第6類危険物に属する各物質の問題

〈**過塩素酸**〉(⇒重要ポイントは P.253)

【問題1】 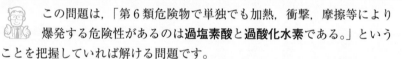 特急 ★

過塩素酸の性状について，次のうち正しいものはどれか。

(1) 化学反応性が極めて強く，ガラスや陶磁器なども腐食する。

(2) 赤褐色で刺激臭のある液体である。

(3) それ自身は，不燃性であるが，加熱すると爆発する。

(4) 空気中で塩化水素を発生して，褐色に発煙する。

(5) 空気と長時間接触していると，爆発性の過酸化物を生成する。

解説

> この問題は，「第6類危険物で単独でも加熱，衝撃，摩擦等により
> 爆発する危険性があるのは**過塩素酸**と**過酸化水素**である。」という
> ことを把握していれば解ける問題です。

(1) 過塩素酸は，腐食性を有する強力な酸化剤ですが，ガラスや陶磁器などに
　　対する腐食性はありません。

(2) 刺激臭のあるというのは正しいですが，赤褐色ではなく，**無色**の液体です。

(4) 空気中で塩化水素を発生して，**白色**に発煙します。

(5) (問題文は，第4類危険物のジエチルエーテルの性状です。)

【問題2】 急行 ★

過塩素酸の性状について，次のうち誤っているものはどれか。

(1) 無色の液体である。

(2) おがくず，木片等の可燃物と接触すると，これを発火することがある。

(3) 水と接触すると，激しく発熱する。

(4) 水溶液は強い酸であり，多くの金属と反応して，塩化水素ガスを発生する。

(5) 皮膚に触れた場合，激しい薬傷を起こす。

解答

解答は次ページの下欄にあります。

解説

　過塩素酸の水溶液は強い酸であり，多くの金属と反応した際には**水素**を発生します。塩化水素ガスは過塩素酸を**加熱した場合**に発生します。

【問題3】

　過塩素酸の性状について，次のうち誤っているものはどれか。

(1)　強い酸化力を持つ。
(2)　加熱すると分解し，腐食性のヒュームを生じる。
(3)　加水分解を起こし，発火するおそれがある。
(4)　可燃物との混合物は。発火するおそれがある。
(5)　鉄，銅，亜鉛と激しく反応する。

解説

　過塩素酸が水と接触すると，音を発して発熱しますが，加水分解＊を起こすことはありません（＊加水分解：化合物が水と反応することによって起こる分解反応のこと）。

【問題4】

　過塩素酸の性状等について，次のうち誤っているものはどれか。

(1)　無水過塩素酸は，常圧で密閉容器中に入れ冷暗所に保存しても爆発的分解を起こすことがある。
(2)　蒸気は，眼および気管を刺激する。
(3)　水溶液は強酸で，多くの金属と反応して腐食させる。
(4)　水と反応して安定な化合物を作る。
(5)　分解を抑制するため濃硫酸や十酸化四リン（五酸化二リン）等の脱水剤を添加して保存する。

解説

　過塩素酸を脱水剤と混合すると，きわめて爆発性の高い無水過塩素酸を生成するので，脱水剤とは隔離して保存します。

解　答

【問題1】…(3)　　　　　　　　　　　【問題2】…(4)

【問題5】 急行 ★

過塩素酸の性状として，次のうち誤っているものはどれか。

(1)　不安定な物質で，分解しやすい。

(2)　有機物と混合すると，爆発することがある。

(3)　無水物は，亜鉛のほか，イオン化傾向の小さな銀や銅とも反応して酸化物を生じる。

(4)　アルコール中では，分解は抑制される。

(5)　水溶液の酸の強さは，塩酸よりも強い。

解説

> この問題は，「第6類危険物（＝酸化剤）は**可燃物**や**有機物**とは接触を避けて貯蔵する。」ということを把握していれば解ける問題です。

アルコールは可燃物（または有機物）であり，第6類危険物（酸化剤）が可燃物や有機物と接触すると，爆発したり，**発火したりする**おそれがあります。

【問題6】

過塩素酸の性状として，次のうち誤っているものはどれか。

(1)　水中に滴下すれば音を発して発熱する。

(2)　不安定な物質で，長期間保存すると爆発的に分解することがある。

(3)　銀，銅などのイオン化傾向の小さい金属も溶かす。

(4)　加熱により分解し，水素ガスを発生する。

(5)　濃度の薄い水溶液は，大部分の金属や非金属を酸化し，腐食する。

解説

過塩素酸を加熱すると，**塩化水素**を発生します。

【問題7】 急行 ★

次のうち，過塩素酸と接触すると発火または爆発する危険性のないものは，いくつあるか。

「二硫化炭素，紙，アミン類，木片，二酸化炭素，希硫酸，リン化水素」

解　答

【問題3】…(3)　　　　　　　　　　【問題4】…(5)

(1)　１つ　　　(2)　２つ　　　(3)　３つ

(4)　４つ　　　(5)　５つ

[解説]

　　二硫化炭素から木片までの４つの物質は，いずれも**有機物**であり，過塩素酸は有機物と接触すると，発火または爆発する危険性があります。

　　従って，発火または爆発する危険性のないものは，残りの<u>希硫酸</u>と<u>リン化水素</u>（無機化合物）および二酸化炭素の３つになります。

【問題８】　特急　★★

　過塩素酸の貯蔵及び取扱方法について，次のうち誤っているものはどれか。

(1)　容器は密封し，通風のよい乾燥した冷所に貯蔵する。

(2)　アルコール，酢酸などの有機物と一緒に貯蔵しない。

(3)　漏れたときはおがくずやほろ布で吸収する。

(4)　腐食性があるので，鋼製の容器に直接収納しない。

(5)　皮膚に触れた場合は，激しい薬傷を起こすので，取扱いの際は十分注意が
　　必要である。

[解説]

　　この問題は，「おがくずやほろ布＝可燃物」ということを把握していれば解ける問題です。

　　おがくずやほろ布は**可燃物**なので，過塩素酸と接触すると，発火または爆発する危険性があります。

【問題９】

　過塩素酸の貯蔵，取扱いの注意事項として，次のうち誤っているものはどれか。

(1)　直射日光や加熱，有機物などの可燃物との接触を避ける。

(2)　漏えいした時はチオ硫酸ナトリウム等で中和し，水で洗い流す。

(3)　取扱いは換気のよい場所で行い，保護具を使用する。

[解　答]

【問題５】…(4)　　　　　　　　　　　　【問題６】…(4)

(4)　汚損，変色している時は，安全な方法で廃棄する。

(5)　分解してガスを発生しやすいことから，容器は密閉してはならない。

解説

 この問題は，「第5類危険物の**エチルメチルケトンパーオキサイド**と第6類危険物の**過酸化水素**は容器を密栓せず，通気性を持たせる」ということを把握していれば解ける問題です。

第6類危険物については，過酸化水素以外，容器は密封（密栓）します。

【問題10】

過塩素酸の貯蔵及び取扱い方法について，次のうち正しいものはいくつあるか。

A　皮膚に触れた場合は，激しい薬傷を起こすので，取扱いの際は十分注意が必要である。

B　加熱分解により，有毒な塩化水素ガスを発生するので，取扱時，注意が必要である。

C　容器には通気孔を設ける。

D　金属製の容器に収納せず，ガラスびんなどに入れて，通風のよい冷暗所に貯蔵する。

E　爆発的に分解して変色することがあるので，定期的に点検を行う。

　(1)　1つ　　　(2)　2つ　　　(3)　3つ

　(4)　4つ　　　(5)　5つ

解説

Cは過酸化水素の場合であり，過塩素酸の容器は密栓します。

　従って，正しいのは，A，B，D，Eの4つになります。

解　答	
【問題7】…(3)	【問題8】…(3)

【問題11】

　過塩素酸を車両で運搬する場合の注意事項として，次のうち誤っているものはどれか。

(1)　容器の外部には，危険物の品名，危険等級，化学名及び可燃物接触注意の表示をする。

(2)　容器の外部に，緊急時の対応を容易にするため，「容器イエローカード」のラベルを貼る。

(3)　運搬時は，日光の直射を避けるため遮光性のもので被覆し，また，容器が摩擦または動揺しないように固定する。

(4)　漏洩した時は，吸い取るために布やおがくずのような可燃性物質を使用してはならない

(5)　容器に収納する時は，運搬の振動によるスロッシング現象を防止するため，空間容積を設けないようにする。

解説

　　　この問題は，「熱膨張（温度が高くなると体積が増加する）」を把
　　　握していれば，「体積増加⇒空間に余裕が必要」というように，解
答が予想できる問題です。

(1)　過塩素酸は第 6 類の危険物なので，容器の外部には，危険物の品名，危険等級，化学名のほか，**可燃物接触注意**の表示が必要になります。

(5)　運搬の積載方法の基準では，「液体の危険物は，内容積の**98%以下**の収納率，かつ，55℃の温度において漏れないように**十分な空間容積を有して収納すること**」となっています。

　従って，「空間容積を設けないようにする」というのは誤りで，十分な空間容積を有して容器に収納するようにします。

　（参考資料：スロッシング現象とは，液体を入れた容器が振動した場合に，液体の表面が大きくうねる現象のこと。）

解　答

【問題12】

過塩素酸の流出事故における処置について，適切でないものは次のうちどれか。

(1) 土砂等で過塩素酸を覆い，流出面積が拡大するのを防ぐ。

(2) 過塩素酸は空気中で激しく発煙するので，作業は風下側を避け，保護具等を使用して行う。

(3) 過塩素酸に消石灰やチオ硫酸ナトリウムをかけ中和し，大量の水で洗い流す。

(4) 過塩素酸と接触するおそれのある可燃物を除去する。

(5) 過塩素酸は水と作用して激しく発熱するので，大量の注水による洗浄は絶対に避ける。

解説

過塩素酸が流出した場合は，次のような処置を行います。（⇒**硝酸**の場合も基本的に同じ処置をします。）

① まず，**可燃物**を除去する。

② **土砂**や**乾燥砂**等で覆って**吸い取り**，流出面積が拡大するのを防ぐ。

③ **大量の水**や**強化液消火剤**で**希釈**し，**消石灰**や**ソーダ灰**，**チオ硫酸ナトリウム**などをかけて**中和**し，**大量の水**で洗い流す。

逆に，絶対してはいけない行為は次のとおりです。

（a） **ぼろ布**にしみ込ませる。

（b） **おがくず**で吸い取る。

（いずれも可燃物なので，発火するおそれがあるため）

以上より，選択肢を確認していきます。

(1) ②より，正しい。

(2) 正しい。

(3) ③より，正しい。

(4) ①より，正しい。

(5) 誤り。過塩素酸は水と作用して発熱しますが，発火はせず溶けます。③より，大量の注水により洗い流します。

解　答

【問題11】…(5)

【問題13】

　過塩素酸の流出事故における処理方法について，次のうち適切でないものは
どれか。

(1)　強化液消火剤（主成分炭酸カリウム K_2CO_3 水溶液）を放射して水で希釈
　　する。

(2)　ソーダ灰で中和する。

(3)　ぼろ布にしみ込ませる。

(4)　直接大量の水で希釈する。

(5)　乾燥砂で覆い，吸い取る。

解説

　「ぼろ布」＝「可燃物」です。

　前問の解説より確認していきます。

(1), (2)　③より，正しい。

(3)　（ a ）より，誤りです。

(4)　③より，正しい。

(5)　②より，正しい。

〈過酸化水素〉（⇒重要ポイントは P.253）

【問題14】　特急★★

　過酸化水素の性状について，次のうち誤っているものはどれか。

(1)　引火性をもつ，無色透明の液体である。

(2)　特有の刺激臭をもつ。

(3)　分解すると酸素を発生するとともに発熱する。

(4)　pH が6を超えると，分解率が上昇する。

(5)　多くの無機化合物または有機化合物と付加物をつくる。

解　答

【問題12】 …(5)

解説

 この問題は,「第6類危険物は不燃性なので引火性はない」ということを把握していれば,解答が予想できる問題です。

　過酸化水素をはじめ第6類危険物は**不燃性**の液体です。不燃性ということは，"燃えない" ということなので，当然，引火性はありません。
（注：(4)の分解率は，水溶液の分解する割合を表し，特に覚える必要はありません。）

【問題15】 ⑨特急★☆

　過酸化水素の性状等について，次のうち誤っているものはどれか。

(1)　高濃度のものは油状の液体である。
(2)　水と混合すると，上層に過酸化水素，下層に水の2層に分離する。
(3)　金属等の混入により，爆発的に分解し酸素を放出することがある。
(4)　リン酸や尿酸の添加により，分解が抑制される。
(5)　有害であり，消毒殺菌剤として用いられることがある。

解説

　過酸化水素は，水によく溶けるので，上層と下層の2層に分離することはありません。

【問題16】 ⑨急行★

　過酸化水素の性状等について，次のうち誤っているものはどれか。

(1)　純粋なものは粘性のある液体である。
(2)　水と任意の割合で混合するが，石油エーテル，ベンゼン等には溶けない。
(3)　強力な酸化剤で，高濃度のものは爆発の危険性がある。
(4)　分解は発熱反応である。
(5)　傷口等の消毒用として市販されている水溶液の濃度は，40〜50vol%のものである。

解　答

解説

　傷口等の消毒用として市販されている水溶液とは，**オキシドール（オキシフル）**のことで，その濃度は，3 vol%のものです。

　なお，(2)ですが，石油エーテル，ベンゼン等には溶けませんが，**アルコール**には溶けます。

【問題17】 🚋特 急 ★★

　過酸化水素の性質について，次のうち誤っているものはどれか。

(1)　常温（20℃）では，安定である。

(2)　強力な酸化剤であるが，還元剤として働く場合もある。

(3)　加熱したり金属粉に接触したりすると発火や爆発を起こすことがある。

(4)　日光により分解し，酸素を発生する。

(5)　可燃性物質に接触すると発火や爆発を起こすことがある。

解説

(1)　過酸化水素は，きわめて不安定な物質で，濃度が50%以上だと，常温でも水と酸素に分解します。

(2)　相手が過マンガン酸カリウムのように，過酸化水素より強力な酸化剤の場合は，自身が酸化剤から還元剤に変化して，還元剤として働きます。

【問題18】

　過酸化水素の性状について，次のうち誤っているものはどれか。

(1)　無色で，水より重い液体である。

(2)　水やアルコールと任意の割合で混合する。

(3)　濃度の高いものは，皮膚，粘膜をおかす。

(4)　濃度の高いものは，引火性がある。

(5)　水溶液は弱酸性である。

解　答

【問題15】…(2)　　　　　　　　　【問題16】…(5)

解説

 　問題14より，「第6類危険物は不燃性なので引火性はない」を把握していれば解ける問題です。

第6類危険物は**不燃性**なので，引火性はありません。

【問題19】 特急 ★

　過酸化水素の性状等について，次のうち正しいものはどれか。

(1)　水より軽い無色の液体である。

(2)　リン酸や尿酸の添加により，分解が促進される。

(3)　熱や光により容易に水素と酸素とに分解する。

(4)　加熱すると発火する。

(5)　分解を防止するため，通常，種々の安定剤が加えられている。

解説

　過酸化水素は，分解を防止するため，(2)にあるリン酸や尿酸などの添加により，分解を**抑制**しています。なお，(1)は比重が1.50なので誤り，(3)は熱や光により <u>酸素を発生して水になる</u> ので，また，(4)は不燃性なので，誤り。

【問題20】 特急 ★

　次の文の（　）内のA～Cに入る語句の組み合わせとして，正しいものはどれか。

　「過酸化水素は一般に他の物質を酸化して（A）になる。また，酸化力の強い過マンガン酸カリウムのような物質等と反応すると，（B）として作用して，（C）を発生する。」

	A	B	C
(1)	水	還元剤	酸素
(2)	水素	酸化剤	酸素
(3)	水	酸化剤	水素
(4)	水素	還元剤	酸素
(5)	水	還元剤	水素

解　答

【問題17】…(1)　　　　　　　　　　【問題18】…(4)

解説

正解は，次のようになります。

「過酸化水素は一般に他の物質を酸化して（**水**）になる。また，酸化力の強い過マンガン酸カリウムのような物質等と反応すると，（**還元剤**）として作用し，（**酸素**）を発生する。」

【問題21】

次の文の（　）内のA〜Cに入る語句の組み合わせとして，正しいものはどれか。

「酸化性液体である過酸化水素は可燃物と反応すると，（A）されて水に変化する。また，過マンガン酸カリウムのような物質と反応するときは（B）されて，（C）を発生する。」

	A	B	C
(1)	還元	酸化	水素
(2)	酸化	還元	水素
(3)	還元	還元	酸素
(4)	酸化	酸化	水素
(5)	還元	酸化	酸素

解説

正解は，次のようになります。

「酸化性液体である過酸化水素は可燃物と反応すると，（**還元**）されて水に変化する。また，過マンガン酸カリウムのような物質と反応するときは（**酸化**）されて，（**酸素**）を発生する。」

過酸化水素は可燃物と反応すると，自分の酸素を放出するので，**還元**になります。

また，自分より酸化力の大きい過マンガン酸カリウムのような物質と反応するときは，自身が還元されて酸素を発生します。

なお，参考までに，過酸化水素が酸素を発生して水になる反応式は次のようになります。

$$2\,H_2O_2 \rightarrow 2\,H_2O + O_2$$

解　答

【問題19】…(5)　　　　　　　　　　　【問題20】…(1)

【問題22】　特急 ★☆

　過酸化水素の性状に関する次の記述A～Dについて，正誤の組合わせとして，正しいものはどれか。

A　無色で不安定な液体である。
B　可燃性で，非常に引火しやすい。
C　エタノールに溶け，ベンゼンには溶けない。
D　熱により分解し，酸素を発生して水になる。

	A	B	C	D
(1)	○	×	○	○
(2)	×	○	○	×
(3)	○	○	×	○
(4)	○	×	×	×
(5)	×	○	○	○

注：表中の○は正，×は誤を表すものとする。

解説

B　第6類危険物は**不燃性**なので，引火性はありません。
C　水やエタノールには溶け，ベンゼンには溶けません。
　（Bのみ誤り）

【問題23】

　次のA～Eのうち，過酸化水素の分解を促進し，酸素を発生させるものは，いくつあるか。

A　直射日光
B　過酸化マグネシウム
C　二酸化マンガン粉末
D　リン酸
E　銅の微粒子

　(1)　1つ　　　(2)　2つ　　　(3)　3つ

解　答

【問題21】…(5)

(4)　4つ　　　　(5)　5つ

解説

　過酸化水素は，Aの**日光**のほか，**有機物**やEの**金属粉**（銅の微粒子），および Bの**過酸化マグネシウム**，Cの**二酸化マンガン粉末**と接触すると，分解が促進され，**酸素**を発生します（A，B，C，Eの4つ）。

【問題24】

　次の物質を過酸化水素に混合したとき，**爆発の危険性がないもの**はどれか。

(1)　鉄　　　　　　　　(2)　クロム　　　　(3)　エチルアルコール
(4)　二酸化マンガン　　(5)　リン酸

解説

　この問題は，「過酸化水素の安定剤は，**尿酸，リン酸**など」を把握していれば解ける問題です。

　過酸化水素は，銅，鉄，クロム，マンガンなどの金属粉末やエタノールなどの可燃物と接触すると，発火または爆発する危険性があります。従って，安定剤として用いられている(5)のリン酸が正解です。

【問題25】

　過酸化水素の貯蔵，取扱いについて，次のうち**誤っているもの**はどれか。

(1)　取扱いには鉄粉や銅粉と接触しないようにする。
(2)　安定剤として，アルカリを加え分解を抑制する。
(3)　日光の直射を避ける。
(4)　可燃物から離して貯蔵し，または取り扱う。
(5)　漏えいしたときは，多量の水で洗い流す。

解説

　過酸化水素の水溶液は**弱酸性**であるため，アルカリを加えると，分解して酸素を発生して水になります。

解　答

【問題22】…(1)

過酸化水素の安定剤としては，**リン酸**や**尿酸**などが用いられます。

【問題26】 急行 ★

過酸化水素の貯蔵，取扱いについて，次のうち適切でないものはどれか。

(1)　還元性物質と接触しないように取り扱う。

(2)　通風のよい乾燥した冷暗所に貯蔵する。

(3)　銅や普通鋼などと接触させず，離して貯蔵し，または取り扱う。

(4)　容器を密封すると分解ガスにより破裂等を生ずるので，通気孔の付いた容器に入れて貯蔵する。

(5)　リン酸と接触すると分解が促進されるので，リン酸から離して貯蔵し，または取り扱う。

解説

> この問題は，問題24より，「過酸化水素の安定剤は，**尿酸**，**リン酸**など」を把握していれば解ける問題です。

　前問の解説より，**リン酸**は**尿酸**とともに，安定剤として用いられるので，「リン酸と接触すると分解が**抑制される**」が正しい内容です。

【問題27】

過酸化水素の貯蔵，取扱い方法について，次のうち適切なものはいくつあるか。

A　貯蔵するときは弱アルカリ性にして分解を防ぐようにする。

B　不安定な物質なので，一般的に，尿酸やリン酸のほか，アセトアニリドなどが安定剤として用いられている。

C　分解が促進する金属粉末や金属酸化物等の混入を防ぐ。

D　アンモニアと接触しないように取り扱う。

E　濃度にかかわらず，容器に密封して貯蔵する。

　(1)　1つ　　　(2)　2つ　　　(3)　3つ

　(4)　4つ　　　(5)　5つ

解　答

解説

A　弱アルカリ性にすると，逆に分解しやすくなります。

B，C　その通り。

D　アンモニアは**アルカリ性**であり，接触すると爆発する危険性があります。

E　過酸化水素は分解して酸素を発生するので，容器を密封せず**通気孔**を設けて，できるだけ**冷暗所**に貯蔵します。

　従って，適切なものは，B，C，Dの3つになります。

【問題28】

　60％過酸化水素水溶液が工場内で流出したときの措置として，次のうち誤っているものはどれか。

(1)　ステンレス鋼製容器に回収する。

(2)　直射日光を避け，熱源や大気を遠ざける。

(3)　木製板で囲いを作る。

(4)　大量の水で希釈する。

(5)　関係者以外の立ち入りを禁止し，十分に換気する。

解説

　この問題は，「木製板＝可燃物」ということを把握していれば解ける問題です。

　木製板は**可燃物**であり，酸化剤である第6類危険物が**可燃物**や**有機物**と接触すると，発火する危険性があります。

　なお，木製板のほか，**ぼろ布**や**ウェス**として出題される場合もありますが，答えは同じです。

〈**硝酸**〉（⇒重要ポイントは P.254）

【問題29】 　特急 ★

　硝酸の性状について，次のうち誤っているものはどれか。

(1)　水より重く，水によく溶ける。

(2)　純粋な硝酸は無色の液体である。

解　答

【問題26】…(5)　　　　　　　　【問題27】…(3)

(3)　熱濃硝酸は，リンを酸化してリン酸を生じる。

(4)　濃硝酸は，金，白金を腐食する。

(5)　湿った空気中で発煙する。

解説

　硝酸は水素よりイオン化傾向の小さな金属（銅や銀）とも反応して腐食させ
ますが，さらにイオン化傾向が小さい金や白金などは腐食させることはありま
せん。

【問題30】

　硝酸の性状等について，次のうち誤っているものはどれか。

(1)　純粋な硝酸は無色の液体であるが，熱や光の作用で分解して二酸化窒素を
　生じるため，黄褐色に変色していることがある。

(2)　銀や銅とは反応しない。

(3)　含水率が低く高濃度の二酸化窒素を含む濃硝酸（発煙硝酸）は，酸化剤や
　ニトロ化剤として用いられる。

(4)　アセトンや酢酸などと激しく反応し，発火または爆発の危険がある。

(5)　タンパク質水溶液に濃硝酸を加えて加熱すると，黄色になる。

解説

(1)　硝酸は問題文のように，熱や光で黄褐色に変色していることがあります。

(2)　前問の解説より，硝酸は水素よりイオン化傾向の小さな銀や銅など反応し
　て腐食させます。

(3)　その通り。

(4)　硝酸は，アセトンや酢酸などの**有機物**と激しく反応し，発火または爆発す
　る危険性があります。

(5)　その通り。

　なお，(3)や(5)は，高度な知識を要求していますが，問題作成の意図は，(2)の
「硝酸は，水素よりイオン化傾向の小さな銀や銅などの金属をも溶かすことが
可能である（が，金と白金は溶かすことができない）」という基礎知識をチェッ
クしているだけであり，(3)や(5)までの知識を要求しているわけではないので，

解　答

【問題28】…(3)

特に覚える必要はないでしょう。

【問題31】 特急 ★★

硝酸の性状等について，次のうち誤っているものはどれか。

(1) 強い酸化力をもち，硝酸の90％水溶液は第６類の危険物の試験に用いられる。
(2) 鉄やアルミニウムは，濃硝酸には溶けるが，希硝酸中では不動態となるため溶けない。
(3) 濃硝酸と濃塩酸を体積比１：３で混合した溶液は酸化力が強く，金や白金なども溶かす。
(4) 発煙硝酸は濃硫酸より酸化力が強い。
(5) 濃硝酸が漏えいした場合は，発熱に注意しながら炭酸ナトリウムや水酸化カルシウムで徐々に中和する。

解説

(2) 問題文は逆で，鉄やアルミニウムは，**希硝酸**には溶けますが，**濃硝酸**に対しては**不動態被膜**を形成して，溶けません（⇒腐食されない）。
(3) この溶液は**王水**と呼ばれるもので，酸化力が強く，金や白金なども溶かします。
(4) 発煙硝酸は，濃硝酸に二酸化窒素を加圧飽和させたもので，硝酸より酸化力が強い液体です。

【問題32】

硝酸に関して，次のうち誤っているものはどれか。

(1) 98％以上の硝酸は，発煙硝酸という。
(2) 水溶液はきわめて強い一塩基酸で，水酸化物に作用して硝酸塩を生じる。
(3) 希硝酸と銅の反応では一酸化窒素，濃硝酸と銅の反応では二酸化窒素が生じる。
(4) 光により分解し，二酸化窒素を生じる。
(5) 水と任意の割合で混合し，水溶液の比重は硝酸の濃度が増加するにつれて減少する。

解答

【問題29】…(4)　　　　　　　　　　【問題30】…(2)

解説

(2) この選択肢も少し高度な知識を要求されますが，覚える必要はないでしょう。なお，一塩基酸とは，1価の酸のことで，水溶液で電離（原子などがプラスやマイナスに帯電すること）した際，<u>1個の水素イオン（H$^+$）を生じる酸</u>のことをいいます。

(3) **希硝酸と銅**⇒**一酸化窒素**，**濃硝酸と銅**⇒**二酸化窒素**，ということで，「濃度が高くなるほど（酸化窒素の）数値が大きい」ということです。

(5) 硝酸は，水と任意の割合で混合しますが，混合した後のその水溶液の比重は，硝酸の濃度が増加するにつれて**大きくなります**。

　　　つまり，**濃硝酸の比重＞希硝酸の比重**

　　ということになるわけです（硝酸は，一般的には，水と混合したその水溶液のことを硝酸といいます）。

【問題33】 **急行**★

　硝酸の性状等について，次のうち正しいものはどれか。

(1) 直射日光が当たっても性質が変化することはないので，遮光性を有していない容器に保存することができる。

(2) 金属製容器に保存する場合，アルミニウム製のほか，銅製または鉛製のものを用いることができる。

(3) 金属製以外の容器に保存する場合，ガラス製，陶器製のものは用いることができない。

(4) 蒸気は不燃性のため，液面に火源を近づけても引火することはない。

(5) アセトン，酢酸等を混合しても，発火，爆発のおそれはない。

解説

　　　　この問題は，「第6類危険物＝不燃性」というポイントを把握していれば解ける問題です。

(1) 硝酸は，日光により分解して酸素などを発生するので，遮光性を有する容器で保存します。

(2)，(3) 硝酸は，銅や鉛をはじめ，ほとんどの金属を腐食させるので，比較的

解　答

【問題31】…(2)　　　　　　　　　　　　　【問題32】…(5)

安定な**ステンレスやアルミニウム製**（希硝酸は不可）などの容器を用いて貯蔵します（**ガラス製**や**陶器製**の容器も使用することができる）。

⑷　「**第 6 類危険物は不燃性**」から，蒸気は不燃性であり，液面に火源を近づけても引火することはありません。

⑸　「硝酸は有機物と接触すると，発火または爆発する危険性がある」より，アセトン，酢酸等を混合すると，発火，爆発するおそれがあります。

【問題34】

　　硝酸の性状について，次のうち正しいものはどれか。

⑴　揮発性の液体で，不安定であり，爆発性が高い。

⑵　酸化力が強く，銅，銀などのイオン化傾向の小さな金属も溶解する。

⑶　赤紫色の液体であり，加熱または日光によって分解し，酸素を生じる。

⑷　水と反応して安定な化合物をつくる。

⑸　酸素を自ら含んでいるため，他からの酸素供給がなくても自己燃焼する。

解説

⑴　硝酸は，常温（20℃）でも多少分解するほど不安定な液体ですが，爆発性はありません。

⑵　P.272【問題29】の解説参照

⑶　硝酸は**無色**の液体です（日光によって分解した際に酸素を生じる，というのは正しい）。

⑷　硝酸は水に溶けます。

⑸　自己燃焼という性質があるのは第 5 類の危険物であり，第 6 類危険物は燃焼しません。

【問題35】

　　硝酸の性状について，次のうち誤っているものはどれか。

⑴　二硫化炭素，アミン類，ヒドラジン類などと混合すると，発火または爆発することがある。

⑵　湿った空気中で発煙する。

⑶　体に触れると薬傷を生じる。

解　答

【問題33】…⑷

(4)　硫化水素，アニリン等に触れると発火させる。

(5)　発煙硝酸とは，高温の濃硝酸から発生した蒸気のことをいう。

【解説】

　発煙硝酸は，濃硝酸に**二酸化窒素を加圧飽和**させたもので，純硝酸を86％以上含んだものをいいます。

【問題36】 特急 ★★

　硝酸と接触すると発火または爆発の危険性があるものとして，次のうち誤っているものはいくつあるか。

A　無水酢酸　　　B　硫酸　　　　C　アルコール

D　塩酸　　　　　E　麻袋

　(1)　1つ　　　(2)　2つ　　　(3)　3つ

　(4)　4つ　　　(5)　5つ

【解説】

　硫酸と塩酸は硝酸と同じく強酸なので，硝酸とは反応しません。

【問題37】 特急 ★★

　硝酸と接触すると発火または爆発の危険性のあるものとして，次のうち該当しないものはどれか。

　(1)　濃アンモニア水　　(2)　アセチレン　　　(3)　二酸化炭素

　(4)　鉄　　　　　　　　(5)　木片

【解説】

　硝酸は，硫酸，塩酸のほか，二酸化炭素とも反応しません。

【問題38】 急行 ★

　発煙硝酸の性状に関する次の記述A〜Eについて，正誤の組合わせとして，正しいものはどれか。

A　硝酸の濃度を98〜99％にしたもので，濃硝酸より酸化力が強い。

【解　答】

【問題34】…(2)

B　硫化水素，よう化水素などとの接触で発火する。

C　赤褐色の液体で，常温（20℃）で空気に触れると黄褐色で有毒のガスが発生する。

D　加熱すると，二酸化窒素および水素を発生する。

E　濃硝酸を加熱濃縮して生成する。

	A	B	C	D	E
(1)	○	×	×	×	○
(2)	×	○	○	○	○
(3)	×	×	○	○	×
(4)	○	×	×	○	○
(5)	○	○	○	×	×

解説

（発煙硝酸の性状等は，基本的には硝酸に準じて考えます）

A　発煙硝酸は，きわめて有毒で，**硝酸よりも強い酸化力**があります。

B　**硫化水素やよう化水素およびアセチレン**などと接触すると，発火，爆発することがあります。

C　なお，**黄褐色**のガスとは，**二酸化窒素**のことです。

D　加熱した場合には，**二酸化窒素と酸素**を発生します。

E　濃硝酸に**二酸化窒素を加圧飽和**させたものです。

　（D，Eが×）

【問題39】

　硝酸の貯蔵および取扱いについて，次のうち適切でないものはどれか。

(1)　安定剤として尿酸を加えて貯蔵する。

(2)　還元性物質との接触を避ける。

(3)　人体に触れると薬傷を生じることがあるので，接触しないようにする。

(4)　分解して発生する二酸化窒素を吸い込まないようにする。

(5)　ステンレス鋼製の容器に貯蔵する。

解　答

【問題35】…(5)　　　　【問題36】…(2)　　　　【問題37】…(3)

解説

 この問題は，「**過酸化水素の安定剤＝尿酸，リン酸**」ということを把握していれば解ける問題です。

安定剤として尿酸を加えて貯蔵するのは**過酸化水素**です。

【問題40】 特急★★

硝酸の貯蔵および取扱いについて，次のうち適切でないものはどれか。

(1) 分解して発生する二酸化窒素を吸い込まないようにする。

(2) 腐食性があるので，ステンレス鋼製の容器による貯蔵は避ける。

(3) 還元性物質との接触を避ける。

(4) 直射日光を避け，冷暗所に貯蔵する。

(5) 硝酸自体は燃焼しないが，強い酸化性があるので，可燃物から離して貯蔵する。

解説

 この問題は，「硝酸の容器は，**ステンレスやアルミニウム製（希硝酸は不可）**の容器を使用する」ということを把握していれば解ける問題です。

硝酸は，銅や鉛など多くの金属を腐食させますが，**ステンレスやアルミニウム**に対しては安定しているので，容器として用いられています(希硝酸除く)。

【問題41】

硝酸の貯蔵，取扱いについて，次のうち誤っているものはどれか。

(1) 直射日光を避け，冷所に貯蔵する。

(2) 希釈する場合は，濃硝酸に水を滴下する。

(3) 有機化合物から離して，貯蔵または取扱いをする。

(4) 人体に触れると薬傷を起こすので，接触しないようにする。

(5) 硝酸により可燃物が燃えている場合は，水，泡等で消火する。

解　答

解説

　硝酸を希釈する場合は，<u>水に濃硝酸を少しずつ加えていきます</u>。これを逆にすると，発熱して沸騰し，硝酸が周囲に飛び散る危険性があります。

【問題42】

　硝酸の貯蔵または取扱いの注意事項として，次のうち誤っているものはどれか。

(1)　濃硝酸は不動態を作ることがあるが，希硝酸は大部分の金属を腐食するので，収納する場合には容器の材質に注意する。

(2)　二酸化窒素の発生に注意する。

(3)　還元性物質に対して比較的安定なので，それらとの接触に注意する必要はない。

(4)　硝酸により可燃物が燃えている場合は，水，泡等で消火する。

(5)　皮膚に付着するとやけどを起こすので注意する。

解説

> この問題は，「第6類危険物＝酸化剤⇒正反対の性質の還元剤とは接触を避ける」ということを把握していれば解ける問題です。

(1)　**ステンレス製やアルミニウム製**（希硝酸はアルミニウムを腐食させるので不可）などの容器に収納します。

(2)　**加熱や日光**によって二酸化窒素が発生します。

(3)　第6類危険物は還元性物質に対しては反応するので，これらのものとの接触に注意して貯蔵します。

(4)　なお，泡とは，水溶性液体用泡消火剤のことです。

(5)　なお，「人体に触れると薬傷を起こすので，接触しないようにする。」という出題例もあります。

【問題43】　急行★

　硝酸を貯蔵し，または取り扱う場合の注意事項として，次のうち誤っているものはどれか。

解　答

【問題40】…(2)　　　　　　　　　　　　【問題41】…(2)

(1)　光により分解して腐食性の二酸化窒素を発生するので，直射日光を避ける。

(2)　希硝酸でも酸化力が強いので，還元性物質と接触しないようにする。

(3)　分解を促す物質との接近を避けて貯蔵する。

(4)　鉄，ニッケル，アルミニウム等は濃硝酸と激しく反応して，可燃性ガスを発生するので，それらの材質の貯蔵容器は使用しない。

(5)　硝酸自体は燃焼しないが，強い酸化性があるので，可燃物から離して取り扱う。

解説

　鉄，ニッケル，アルミニウムについては，**濃硝酸**には表面に**不動態被膜**を形成するので反応しませんが，**希硝酸**に対しては不動態被膜を形成しないので，反応して浸され（腐食する），容器として使用することはできません。

> ●　**鉄，ニッケル，アルミニウム**⇒**希硝酸**と反応するので容器に使えない。

【問題44】

　90％硝酸水溶液の貯蔵，取扱いについて，次のうち適切でないものはどれか。

(1)　周辺で高温物の使用を禁止し，加熱を避ける。

(2)　褐色のガラスびんに保存し，直射日光を避ける。

(3)　アルミニウム製の台上で取り扱う。

(4)　容器は密閉する。

(5)　容器の下に木製の「すのこ」を敷いて保管する。

解説

 この問題は，「すのこ＝可燃物」というところから解答が予想できる問題です。

　(P.271)【問題28】解説　過酸化水素の**木製板**と同じく，木製の「すのこ」は**可燃物**であり，酸化剤である第6類危険物が**可燃物**や**有機物**と接触すると，発火する危険性があります。

解　答

【問題42】…(3)

【問題45】

　硝酸の流出事故における処理方法について，次のうち適切でないものはどれか。

(1)　強化液消火剤（主成分 K_2CO_3 水溶液）を放射して水で希釈する。

(2)　ソーダ灰で中和する。

(3)　ぼろ布で吸い取る。

(4)　直接大量の水で希釈する。

(5)　乾燥砂で覆い，吸い取る。

解説

　　　　この問題は，前問と同じく，「ぼろ布＝可燃物」というところから解答が予想できる問題です。

　硝酸の流出事故については，P.262【問題12】，P.263【問題13】の過塩素酸の流出事故と同様に考えます。

　従って，「【問題12】解説の（a）」より，ぼろ布は可燃物なので発火するおそれがあるため，不適切です。

〈過塩素酸，過酸化水素，硝酸の総合〉（⇒重要ポイントは P.253～P.254）

【問題46】

　過塩素酸，過酸化水素および硝酸にかかわる火災に共通する消火方法として，一般に不適切とされているものは，次のＡ～Ｅのうちいくつあるか。

Ａ　ハロゲン化物消火剤を放射する。

Ｂ　霧状の水を放射する。

Ｃ　乾燥砂で覆う。

Ｄ　霧状の強化液消火剤を放射する。

Ｅ　二酸化炭素消火剤を放射する。

　　(1)　1つ　　　　(2)　2つ　　　(3)　3つ

　　(4)　4つ　　　　(5)　5つ

解　答

【問題43】…(4)　　　　　　　　　　【問題44】…(5)

解説

　まず，第6類危険物に適応しない消火剤は次のとおりです。

① 　二酸化炭素消火剤

② 　ハロゲン化物消火剤

③ 　炭酸水素塩類の粉末消火剤

　逆に，適応する消火剤は次のとおりです（ハロゲン間化合物除く）。

④ 　水系消火剤（水，強化液消火剤，泡消火剤）

⑤ 　乾燥砂等（膨張ひる石，膨張真珠岩含む）

⑥ 　リン酸塩類の粉末消火剤

　以上より，過塩素酸，過酸化水素，硝酸の消火方法として不適切なのは，A のハロゲン化物消火剤（⇒②）とEの二酸化炭素消火剤（⇒①）の2つになります。

　ただし，ハロゲン間化合物は**注水厳禁**なので，①～③のグループ＋水系消火剤となり，逆に④は含まれません。

　なお，Bは④，Cは⑤，Dは④より，適切です。

〈ハロゲン間化合物〉（⇒重要ポイントはP.255）

【問題47】　　急行★

　ハロゲン間化合物の一般的な性状等として，次のうち誤っているものはどれか。

(1)　フッ素を含むものの多くは無色である。

(2)　多くは不安定であるが，爆発はしない。

(3)　水と接触すると分解する。

(4)　2種のハロゲン元素からなる化合物である。

(5)　還元力があり，多くの金属酸化物または非金属酸化物を還元する。

解説

　この問題も難しく見えますが，「第6類危険物＝酸化剤＝**酸化力がある**」を理解していれば解ける問題です。

　ハロゲン間化合物は強力な酸化剤であり，多くの金属や非金属酸化物を**酸化**

解　答

【問題45】 …(3)　　　　　　　　　　【問題46】 …(2)

させます。

【問題48】 特急 ★★

ハロゲン間化合物の一般的性状について，次のうち誤っているものはどれか。

(1) ハロゲン元素が，その間の電気陰性度の差によって互いに結合している。

(2) 多数のフッ素原子を含むものは，特に反応性に富んでいる。

(3) フッ化物の多くは無色の揮発性の液体である。

(4) 多くの金属や非金属を酸化してハロゲン化物を生じる。

(5) 加熱すると酸素を発生して爆発する。

解説

　　この問題は「ハロゲン間化合物は酸素を含んでいない」を理解していれば解ける問題です。

　ハロゲン間化合物の分子式（三フッ化臭素：BrF_3など）を見てもわかりますが，このハロゲン間化合物には他の第６類危険物のように酸素を含んでいないので，加熱をしても酸素を発生することはありません。

【問題49】

ハロゲン間化合物の性状について，次のうち誤っているものはどれか。

(1) 一般に，ハロゲンの単体と似た性質を有する。

(2) 燃焼すると，酸素を発生する。

(3) 水と激しく反応するものが多い。

(4) 揮発性である。

(5) フッ素原子を多数含むものは，特に反応性が強い。

解説

　　この問題は「第６類危険物＝**不燃性**」を理解していれば解ける問題です。

　ハロゲン間化合物をはじめ第６類危険物は**不燃性（燃えない）**の物質なので，

解　答

【問題47】…(5)

燃焼はしません。また，ハロゲン間化合物は**酸素**を含んでいません。

【問題50】

ハロゲン間化合物の一般的性状について，次のうち正しいものはいくつあるか。

A　常温（20℃）では固体である。

B　水と反応しない。

C　爆発性がある。

D　ほとんどの金属，非金属と反応してフッ化物をつくる。

E　消火には水系の消火剤が適している。

(1)　1つ　　(2)　2つ　　(3)　3つ

(4)　4つ　　(5)　5つ

解説

A　第6類危険物は常温（20℃）において**液体**です。

B　多くのハロゲン間化合物は，水とは激しく反応します。

C　ハロゲン間化合物は不安定な物質ですが，自身には爆発性がありません。

D　ハロゲン間化合物の一般的性状です。

E　水とは激しく反応するので，**注水厳禁**です。

従って，正しいのは，Dの1つのみになります。

【問題51】

ハロゲン間化合物に関わる火災の消火方法について，次のうち最も適切なものはどれか。

(1)　噴霧注水をする。

(2)　棒状の水を放射する。

(3)　泡消火剤を放射する。

(4)　二酸化炭素消火剤を放射する。

(5)　乾燥砂で覆う。

解答

【問題48】…(5)　　　　　　　　　　　　　【問題49】…(2)

解説

　　この問題は，「乾燥砂はほとんどの危険物の消火に有効である。」ということを把握していれば，解答が予想できる問題です。

　ハロゲン間化合物の消火に適応するのは，第6類危険物共通の「**乾燥砂等，粉末（リン酸塩類）**」なので（ハロゲン間化合物には**注水厳禁**を忘れずに！），その注水厳禁より，(1)，(2)，(3)は×。また，第6類危険物の消火に不適応な消火剤は「**二酸化炭素，ハロゲン化物，粉末（炭酸水素塩類）**」なので，(4)も×となり，結局，残った(5)の乾燥砂が正解になります。

【問題52】

　ハロゲン間化合物の火災における消火方法として，次のうち適切なものはどれか。
(1)　水を含んだ土砂で覆う。
(2)　ソーダ灰で覆う。
(3)　霧状の水を放射する。
(4)　泡消火剤を放射する。
(5)　霧状の強化液を放射する。

解説

　前問の解説より，水系の(1)，(3)，(4)，(5)は不適切です。
　また，硝酸やハロゲン間化合物には，粉末（リン酸塩類），乾燥砂のほか，**ソーダ灰**や**石灰**も有効なので，(2)が正解となります。

〈三フッ化臭素〉（⇒重要ポイントは P.255）

【問題53】

　三フッ化臭素の性状について，次のうち誤っているものはどれか。
(1)　常温（20℃）では，液体である。
(2)　0℃では固体である。
(3)　空気中で発煙する。
(4)　水と激しく反応する。

解　答

【問題50】…(1)　　　　　　　　　　　　　【問題51】…(5)

(5)　不安定で，引火性かつ爆発性の物質である。

【解説】

 この問題は，「第6類危険物＝不燃性⇒引火性はない」というポイントを把握していれば解ける問題です。

　第6類危険物は**不燃性**の液体なので，引火性はありません。

【問題54】

　三フッ化臭素の性状について，次のうち誤っているものはどれか。
(1)　無色の発煙性液体である。
(2)　沸点は水より高く，比重は1より大きい。
(3)　水との接触により，猛毒で腐食性のフッ化水素を生じる。
(4)　酸と接触すると激しく反応する。
(5)　液温が上昇すると可燃性蒸気が発生する。

【解説】

　これも前問とポイントは同じです。すなわち，第6類危険物は**不燃性**なので，「可燃性」蒸気は発生しません。

【問題55】

　三フッ化臭素の性状について，次のA〜Dのうち正しいものをすべて掲げてあるものはどれか。
A　水とは発熱しながら爆発的に反応し，フッ化水素を発生する。
B　無色の液体で，空気中で発煙する。
C　多くの金属に対して，還元させてフッ化物をつくる。
D　空気中で木材，紙等と接触すると発熱反応を起こす。
　(1)　C　　　　　(2)　A，C　　　　　(3)　A，B
　(4)　B，C　　　(5)　A，B，D

　　解　答
【問題52】…(2)　　　　　　　　　　　　【問題53】…(5)

解説

C　三フッ化臭素は，多くの金属に対して**酸化**させてフッ化物をつくります。

【問題56】

　三フッ化臭素の貯蔵，取扱いに関する次のA〜Eについて，正誤の組合わせとして，正しいものはどれか。

A　直射日光を避け，冷暗所で貯蔵する。
B　危険性を低減するため，水やヘキサンで希釈して取り扱う。
C　貯蔵容器は金属製を避け，ガラス製のものを用いて密栓する。
D　発生した蒸気は吸引しないようにする。
E　木材，紙等との接触をさける。

	A	B	C	D	E
(1)	○	×	×	○	○
(2)	×	○	×	○	○
(3)	○	×	○	○	×
(4)	×	×	○	○	○
(5)	○	○	○	×	○

　注：表中の○は正，×は誤を表すものとする。

解説

B　水とは激しく反応するので，不適切であり，また，ヘキサン（C_6H_{14}）は有機物（分子中に炭素Cを含む）であり，第6類危険物の共通性状「**可燃物，有機物と接触すると発火させることがある**」より，こちらも不適切です。
C　ハロゲン間化合物の〈貯蔵，取扱い法〉の2より，「**ガラス製容器は使用しない**」より，フッ化臭素やフッ化ヨウ素はガラスをおかすので，ガラス製の容器ではなく，**ポリエチレン製**などの容器を用います。
D　発生した蒸気である**フッ化水素**は，猛毒で腐食性のあるガスなので，吸引しないようにします。
E　第6類危険物の共通性状である「有機物，可燃物と接触すると発火させる

危険性がある」より，可燃物である木材，紙等との接触をさけます。
（×はB，Cのみ）

〈五フッ化臭素〉（⇒重要ポイントはP.255）
【問題57】
　　五フッ化臭素の性状について，次のうち誤っているものはどれか。
(1)　常温（20℃）で無色の液体である。
(2)　気化しやすい。
(3)　三フッ化臭素より反応性に富む。
(4)　ほとんどの金属と反応して，フッ化物を作る。
(5)　沸点は約90℃である。

解説

　　この問題は，「ハロゲン間化合物は揮発性のある液体（⇒沸点が低い）で，中でも五フッ化臭素の沸点は特に低い（41℃）」ということを把握していれば解ける問題です。

　五フッ化臭素の沸点は41℃です。

【問題58】
　　五フッ化臭素の性状について，次のうち誤っているものはどれか。
(1)　水と接触すると爆発的に反応して，フッ化水素を生じる。
(2)　炭素，硫黄，よう素などとは，激しく反応する。
(3)　常温（20℃）では，無色の液体である。
(4)　ほとんどの金属と反応して，フッ化物をつくる。
(5)　気化しやすく，常温（20℃）で引火する。

解　答

【問題56】…(1)

解説

　　　この問題も「第6類危険物は不燃性である。」という共通性状を把握していれば解ける問題です。

　第6類危険物＝不燃性⇒燃えない⇒引火しない，となるので，(5)が誤りです。

【問題59】

　五フッ化臭素の性状について，次のうち正しいものはどれか。
(1)　暗褐色の発煙性液体である。
(2)　水と反応しない。
(3)　空気中で自然発火する。
(4)　還元されやすい。
(5)　蒸気は空気より軽い。

解説

　　　この問題は，「**酸化性**がある物質＝**還元されやすい性質**」ということを把握していれば解ける問題です。

(1)　無色の液体です。
(2)　フッ化物（フッ化臭素，フッ化ヨウ素）は，水と激しく反応します。
(3)　第6類危険物に自然発火性はありません。
(4)　第6類危険物には相手を酸化させる**酸化性**がありますが（⇒相手に酸素を与える），逆にいうと，自分は還元（⇒酸素を失う）されるので，**還元されやすい性質**ということになり，正しい。
(5)　蒸気は空気より**重い**物質です。

【問題60】

　五フッ化臭素の貯蔵，取扱いに関する次のA～Eについて，正誤の組み合わせとして，正しいものはどれか。
A　金属容器を避け，ガラス容器で貯蔵する。
B　冷暗所で貯蔵する。

解　答

【問題57】…(5)　　　　　　　　　　　【問題58】…(5)

C　空気に触れないよう水中に貯蔵する。

D　発生した蒸気は吸引しないようにする。

E　木材，紙等との接触を避ける。

	A	B	C	D	E
(1)	×	○	○	×	○
(2)	○	○	×	×	×
(3)	×	○	×	○	○
(4)	○	×	○	×	×
(5)	×	×	○	○	×

注：表中の○は正，×は誤を表するものとする。

解説

A　ハロゲン間化合物はガラスをおかすので，ガラス容器ではなく，**ポリエチレン製**などの容器を用います。

B　危険物貯蔵の大原則です。

C　フッ化臭素は水と激しく反応するので，不適切です。

E　第6類危険物は可燃物との接触を避けて貯蔵し，取扱います。

　（×はA，Cのみ）

〈**五フッ化ヨウ素**〉（⇒重要ポイントはP.255）

【問題61】

　五フッ化ヨウ素の性状について，次のうち正しいものはどれか。

(1)　常温（20℃）では，茶褐色の液体である。

(2)　沸点は50℃である。

(3)　反応性に富み，ほとんどの金属および多くの非金属元素と反応して，フッ化物を生じる。

(4)　水とは反応しない。

(5)　融点は−10℃である。

解　答

【問題59】…(4)

解説

(1)　ハロゲン間化合物は**無色**の液体です。

(2)　ハロゲン間化合物の沸点は低いですが（⇒揮発性が高い），50℃程度まで低いのは五フッ化臭素（⇒41℃）のみであり，五フッ化ヨウ素の沸点は水とほぼ同じ（約100℃）です。

(3)　ハロゲン間化合物の共通性状です。

(4)　ハロゲン間化合物は，一般に水と激しく反応します。

(5)　融点（固体⇒液体のときの温度）は9.4℃です（これより高い温度だと液体になる）。

【問題62】

　五フッ化ヨウ素の性状について，次のうち誤っているものはどれか。

(1)　反応性に富み，金属と容易に反応してフッ化物をつくる。

(2)　強酸で腐食性が強いため，ガラス容器が適している。

(3)　常温（20℃）では，液体である。

(4)　硫黄，赤リンなどと光を放って反応する。

(5)　水とは激しく反応してフッ化水素を生ずる。

解説

　問題60，解説のAより，ハロゲン間化合物はガラスをおかすので，ガラス容器で貯蔵するのは不適切です。

〈第6類危険物のまとめ問題〉（⇒重要ポイントは P.295）

【問題63】　特急

　次の第6類危険物のうち，強酸に分類されるのはいくつあるか。

A　過塩素酸　　　　　B　過酸化水素　　　　C　硝酸

D　三フッ化臭素　　　E　五フッ化臭素

　(1)　1つ　　　(2)　2つ　　　(3)　3つ

　(4)　4つ　　　(5)　5つ

解　答

【問題60】…(3)　　　　　　　　　　　【問題61】…(3)

解説

　この第6類危険物では，この強酸と強酸化剤の混同をねらう問題がたまに出題されています。

　つまり，強い酸化力＝強酸　とは限らないということです。

　たとえば，Aの**過塩素酸**とCの**硝酸**は，**強酸化剤かつ強酸**ですが，Bの**過酸化水素**は，**強酸化剤**ではあるが**弱酸**です。

　従って，強酸に分類されるの，AとCの2つになります。

重要

強酸⇒**過塩素酸**と**硝酸**

【問題64】　急行★

　次の第6類危険物のうち，水に溶ける性質があるものはいくつあるか。

A　過塩素酸　　　　　　B　過酸化水素　　　　C　硝酸
D　三フッ化臭素　　　　E　五フッ化臭素
　(1)　1つ　　　(2)　2つ　　　(3)　3つ
　(4)　4つ　　　(5)　5つ

解説

　一般に第6類危険物は水に溶けやすい性質がありますが，ハロゲン間化合物は水には溶けず，水と激しく反応するので，A，B，Cの3つが正解です。

【問題65】

　次の第6類危険物のうち，加熱により酸素を発生するものはいくつあるか。

A　過塩素酸　　　　　B　過酸化水素　　　　C　硝酸
D　発煙硝酸　　　　　E　三フッ化臭素　　　F　五フッ化臭素
　(1)　1つ　　　(2)　2つ　　　(3)　3つ
　(4)　4つ　　　(5)　5つ

解説

　第6類危険物で，加熱した際に酸素を発生するものは，過酸化水素，硝酸，

解　答

【問題62】…(2)　　　　　　　　　　　　【問題63】…(2)

発煙硝酸の３つの物質です

【問題66】

次の第６類危険物のうち，単独でも加熱，衝撃，摩擦等により爆発する危険性があるものはいくつあるか。

A　過塩素酸　　　　　B　過酸化水素　　　　　C　硝酸
D　三フッ化臭素　　　E　五フッ化ヨウ素

(1)　１つ　　　　(2)　２つ　　　　(3)　３つ
(4)　４つ　　　　(5)　５つ

解説

第６類危険物で，単独でも加熱，衝撃，摩擦等により爆発する危険性があるものは，過塩素酸と過酸化水素の２つです。

【問題67】

次の第６類危険物のうち，貯蔵する際に容器を密栓する必要のないものはいくつあるか。

A　過塩素酸　　　　　B　過酸化水素　　　　　C　硝酸
D　三フッ化臭素　　　E　五フッ化ヨウ素

(1)　１つ　　　　(2)　２つ　　　　(3)　３つ
(4)　４つ　　　　(5)　５つ

解説

第６類危険物で，貯蔵する際に容器を密栓する必要のないものは，Bの過酸化水素のみです（⇒常温（20℃）でも分解して酸素を発生するため，容器には通気孔を設ける）。

【問題68】 特急

次の消火剤のうち，すべての第６類危険物に適応するものはいくつあるか。

A　水
B　二酸化炭素消火剤

解　答

【問題64】 …(3)　　　　　　　　　　　　【問題65】 …(3)

C　粉末（炭酸水素塩類）
D　膨張真珠岩（パーライト）
E　粉末（リン酸塩類）
(1)　1つ　　　(2)　2つ　　　(3)　3つ
(4)　4つ　　　(5)　5つ

解説

　すべての第6類危険物に適応する消火剤は，粉末（リン酸塩類）と乾燥砂（膨張ひる石，膨張真珠岩含む）なので，DとEの2つになります。

　なお，Aの水はハロゲン間化合物が注水厳禁なので，当てはまりません。

【問題69】 特急★

　次の消火剤のうち，すべての第6類危険物に適応しないものはいくつあるか。
A　泡消火剤
B　ハロゲン化物消火剤
C　乾燥砂
D　粉末（炭酸水素塩類）
E　二酸化炭素消火剤
(1)　1つ　　　(2)　2つ　　　(3)　3つ
(4)　4つ　　　(5)　5つ

解説

　すべての第6類危険物に適応しない消火剤は，二酸化炭素消火剤，ハロゲン化物消火剤，粉末（炭酸水素塩類）なので（Aの泡消火剤はハロゲン間化合物以外使用可），B，D，Eの3つが正解になります。

解　答

【問題66】…(2)　　　【問題67】…(1)　　　【問題68】…(2)　　　【問題69】…(3)

第6類危険物の総まとめ

（1）**不燃性**で強力な**酸化剤**である。

（2）比重は**1より大きい**。

（3）過塩素酸，硝酸は**強酸性**，過酸化水素は**弱酸性**

（4）いずれも**刺激臭**があり，**発煙硝酸以外**は**無色**である。

（5）**水に溶けやすい**（ハロゲン間化合物は除く）

（6）水と反応して発熱するもの（⇒過酸化水素以外）
　　過塩素酸，三フッ化臭素，五フッ化臭素，硝酸（高濃度の場合）

（7）加熱により酸素を発生するもの
　　過酸化水素，硝酸（発煙硝酸）

（8）単独でも加熱，衝撃，摩擦等により爆発する危険性があるもの
　　過塩素酸，過酸化水素

（9）**三フッ化臭素，五フッ化臭素，五フッ化ヨウ素**は，水と反応して**フッ化水素**を発生する。

（10）**過酸化水素**のみ，容器に**通気性**を持たせる（その他の危険物は密封する）

（11）消火方法

第6類に適応する消火剤	・**水系の消火剤**（フッ化臭素，フッ化ヨウ素は除く） ・**乾燥砂等**（膨張真珠岩などを含む） ・**粉末**（リン酸塩類）	
第6類に適応しない消火剤	・**二酸化炭素** ・**ハロゲン化物** ・**粉末**（炭酸水素塩類）	（フッ化臭素，フッ化ヨウ素は＋水系の消火剤）

第 7 章

模擬テスト

模擬テスト

　この模擬テストは，本試験に出題されている問題を参考にして作成されていますので，実戦力を養うには最適な内容となっています。

　従って，次のように出来るだけ本試験と同じ状況を作って解答をして下さい。

① 　時間（35分）をきちんとカウントする（できれば20分程度で終了する）。

② 　これは当然ですが，参考書などを一切見ない。

③ 　下に示した解答カードをコピーするなどして，実際に書き込む。

　これらの状況を用意して，実際に本試験を受験するつもりになって，問題にチャレンジしてください。

注：本試験では，「性質，消火」は問題26～問題35の10問として出題されているので，この模擬テストでも問題26～問題35と表示してあります。

解答カード（見本）

（拡大コピーをして解答の際に使用して下さい）

受験番号を
E2－1234
とした場合の例

ここにマークする。

第 1 類危険物の問題

[問題26]　危険物の類ごとに共通する性状について，次のうち誤っているものはどれか。

(1)　第2類の危険物で微粉状のものは，空気中で粉じん爆発を起こすおそれがある。

(2)　第3類の危険物には，水との接触により発火ものがある。

(3)　第4類の危険物の多くは，電気の不良導体である。

(4)　第5類の危険物は，不燃性であるが，可燃物との接触により爆発するおそれがある。

(5)　第6類の危険物は，有機物を酸化させ，着火させることがある。

[問題27]　第1類の危険物のすべてに共通する特性として，次のうち正しいものはどれか。

(1)　水によく溶ける物質である。

(2)　酸素を分子中に含有している酸化性の固体である。

(3)　水との接触により発熱する。

(4)　比重が1より小さい物質である。

(5)　常温（20℃）の空気中に放置すると，酸化熱が蓄積して，発火，爆発のおそれがある。

[問題28]　第1類の危険物の貯蔵，取扱いについて，火災予防上，水や湿気との接触を避けなければならない物質は，次のうちどれか。

(1)　塩素酸ナトリウム　　　　(2)　亜塩素酸ナトリウム

(3)　過塩素酸アンモニウム　　(4)　過塩素酸カリウム

(5)　過酸化カリウム

[問題29]　第1類の危険物と木材等の可燃物とが共存する火災の消火方法として，次のうちA〜Eのうち正しいものはいくつあるか。

A　塩素酸塩類は注水により消火する。

B　無機過酸化物は乾燥砂をかけて消火する。

C　硝酸塩類はハロゲン化物消火剤で消火するのが最も有効である。

D　亜塩素酸塩類は強酸の液体で中和し消火する。

　　E　過塩素酸塩類は注水を避けなければならない。
(1)　1つ　　　　(2)　2つ　　　　(3)　3つ
(4)　4つ　　　　(5)　5つ

[問題30]　**塩素酸カリウムの性状について, 次のうち誤っているものはどれか。**
(1)　強酸を加えると, 爆発の危険がある。
(2)　水に溶けやすい。
(3)　水酸化カリウム水溶液の添加によって爆発することはない。
(4)　アンモニアとの反応生成物は自然爆発することがある。
(5)　炭素粉との混合物は摩擦等の刺激によって爆発する。

[問題31]　**過酸化ナトリウムの貯蔵, 取扱いに関する次のA～Eについて, 正誤の組合せとして正しいものはどれか。**
　　A　異物が混入しないようにする。
　　B　水で湿潤とした状態にして取り扱う。
　　C　貯蔵容器は密閉する。
　　D　安定剤として, 少量の硫黄を加えて保管する。
　　E　加熱する場合は, 白金るつぼを用いない。

	A	B	C	D	E
(1)	×	○	×	○	○
(2)	○	×	×	○	○
(3)	×	○	○	×	×
(4)	×	○	×	×	×
(5)	○	×	○	×	○

[問題32]　**硝酸アンモニウムの性状等について, 次のうちA～Eのうち正しいものはいくつあるか。**
　　A　潮解性を有しない。
　　B　単独の状態では, 衝撃, 摩擦などを与えても, 爆発する危険性はない。
　　C　水によく溶け, 溶けるとき熱を発生する。
　　D　おおむね210℃で分解し始める。
　　E　別名を硝安といい, 窒素肥料等に用いられる。

(1)　1つ　　　(2)　2つ　　　(3)　3つ

(4)　4つ　　　(5)　5つ

[問題33]　過マンガン酸カリウムについて，次のうち誤っているものはいくつあるか。

A　酸と接触すると，酸素を発生する。

B　酢酸やアセトンなどには，溶けない。

C　アルカリとは反応しない。

D　日光の照射によって分解するので，遮光のため，ガラス容器の場合は着色ビンを使用する。

E　水に溶けると淡赤色を呈する。

(1)　1つ　　　(2)　2つ　　　(3)　3つ

(4)　4つ　　　(5)　5つ

[問題34]　三酸化クロム（無水クロム酸）の性状について，次のA〜Eのうち正しいものはいくつあるか。

A　白色の結晶である。

B　潮解性がある。

C　水には溶けないが，エタノールには溶ける。

D　酸化されやすい物質と混合すると，発火しやすくなる。

E　水を加えると，腐食性の強い酸となる。

(1)　1つ　　　(2)　2つ　　　(3)　3つ

(4)　4つ　　　(5)　5つ

[問題35]　二酸化鉛の性状について，次のA〜Eのうち誤っているものはいくつあるか。

A　淡黄色の結晶である。

B　水には溶けるが，アルコールに溶けない。

C　毒性は比較的低い。

D　日光では分解されない。

E　電気の不良導体である。

(1)　1つ　　　(2)　2つ　　　(3)　3つ

(4)　4つ　　　(5)　5つ

第1類危険物の解答・解説

[問題26]　解答　(4)

〈解説〉

(1)　**赤リン，硫黄，鉄粉，アルミニウム粉，亜鉛粉**などが該当します。

(2)　第3類危険物には，**カリウムやナトリウム，アルキルアルミニウム**など，水との接触により発火するものがあります。

(4)　第5類の危険物は，不燃性ではなく，**可燃性**の**固体**または**液体**です。

[問題27]　解答　(2)

〈解説〉

(1)　**第1類危険物**は，一般的には水に溶けやすい物質ですが，**過酸化カルシウムや過酸化バリウム**などのように，水に溶けにくい物質もあります。

(3)　水と接触して発熱するのは，**過酸化カリウムや過酸化ナトリウム**などの**無機過酸化物**だけであり，すべてではありません。

(4)　比重が**1より大きい**物質です。

(5)　**第1類危険物**に自然発火性はありません。

[問題28]　解答　(5)

〈解説〉

　過酸化カリウムや過酸化ナトリウムなどの**アルカリ金属の過酸化物**（酸素がO_2と過剰にあるから過酸化物という）は，**水**と反応して気体（**酸素**）を発生し，周囲に可燃物などが存在すると，加熱，衝撃，摩擦等により**発火**または**爆発する**危険性があります。

[問題29]　解答　(2)

〈解説〉

　「1類は原則注水，アルカリ金属の過酸化物等は注水厳禁」からそれぞれ確認すると，

A，E　塩素酸塩類，過塩素酸塩類とも注水して消火するのが最も効果的なので，Aが正しくEが誤りです。

B　正しい。

C　誤り。**第1類危険物**は危険物自体に酸素を含有しており，ハロゲン化物消

火剤を用いて窒息消火しても効果的ではありません。

D　誤り。亜塩素酸塩類を強酸と混合すると，分解して爆発する危険性があります。

従って，正しいものは，A，Bの２つとなります。

[問題30]　解答　(2)

〈解説〉

塩素酸カリウムは，水（冷水）にはほとんど**溶けません**（熱水には溶ける）。

なお，(1)のように，強酸を加えると，爆発の危険がありますが，(3)のように，水酸化カリウムのようなアルカリとは反応しません。

また，(5)は，塩素酸塩類に共通する性状である，「可燃物と混合したものは<u>衝撃，摩擦または加熱</u>によって**爆発する危険性がある**。」より，正しい。

[問題31]　解答　(5)

〈解説〉

A　○。無機過酸化物は，可燃物等の異物との接触を避けて貯蔵する必要があります。

B　×。無機過酸化物は水と反応して酸素を発生するので，**乾燥状態**で保管します。

C　○。

D　×。Aより，硫黄は第２類の**可燃性**固体であり，加熱，衝撃，摩擦等により発火，爆発するおそれがあるので，これらのものとの接触を避けて保管します。

E　○。過酸化ナトリウムは，<u>白金を侵す</u>ので，加熱する場合は，銀やニッケルのるつぼを用います。

従って，B，Dのみが×になります。

[問題32]　解答　(2)

〈解説〉

A　誤り。硝酸アンモニウムには，硝酸ナトリウムなどと同様，潮解性があります。

B　誤り。硝酸アンモニウムは，単独でも急激に高温に熱せられると分解し，**爆発する**ことがあります。

C　誤り。硝酸アンモニウムは水溶性ですが，水に溶ける際は発熱ではなく，

吸熱します。

D 正しい。おおむね210℃で分解し，水と一酸化二窒素に分解します。

E 正しい。

　従って，正しいものは，D，Eの2つになります。

[問題33]　解答　(4)

〈解説〉

A 誤り。酸と接触すると，有毒な**塩素**を発生します。

B 誤り。**酢酸やアセトンに溶けます**。

C 誤り。過マンガン酸カリウムは，水酸化カリウムなどのアルカリと反応して**酸素**を発生します。

D 正しい。

E 誤り。水に溶けた場合は**濃紫色**となります。

　従って，誤っているのは，D以外の4つになります。

[問題34]　解答　(3)

〈解説〉

A 誤り。**暗赤色**の針状結晶です。

B 正しい。

C 誤り。**水にもエタノールにも溶けます**。

D，E 正しい。

　従って，正しいものは，B，D，Eの3つになります。

[問題35]　解答　(5)

〈解説〉

A 誤り。**暗褐色**の粉末です。

B 誤り。**水にもアルコールにも溶けません**。

C 誤り。二酸化鉛は，きわめて**有毒**な物質です。

D 誤り。日光などの光によっても分解され酸素を発生します。

E 誤り。二酸化鉛は，電気の**良導体**（電気をよく流す）なので，バッテリーの電極などに用いられています。

　従って，すべて誤っているので，(5)の5つとなります。

第2類危険物の問題

[問題26] **第2類の危険物の性状について，次のうち正しいものはどれか。**
(1) 一般に水に溶けやすい。
(2) 固形アルコールを除き，引火性はない。
(3) 水と反応するものは，すべて水素を発生し，これが爆発することがある。
(4) 燃焼したときに有害な硫化水素を発生するものがある。
(5) 酸化剤と接触または混合したものは，衝撃等により爆発することがある。

[問題27] **第2類の危険物の貯蔵上の注意事項として，次のうち誤っているものはどれか。**
(1) 硫化リンは，酸化性物質から隔離して貯蔵する。
(2) 赤リンは，冷所に貯蔵する。
(3) アルミニウム粉は，乾燥した場所に貯蔵する。
(4) 硫黄は，二硫化炭素中に貯蔵する。
(5) 引火性固体は，換気のよい場所に貯蔵する。

[問題28] **危険物とその火災に適応する消火剤との組合わせとして，次のA～Eのうち適切なものはいくつあるか。**
A 三硫化リン………………………乾燥砂
B 鉄粉………………………………霧状の水
C 硫黄………………………………リン酸塩類の粉末
D アルミニウム粉……………………ハロゲン化物
E 赤リン……………………………二酸化炭素消火剤
(1) 1つ　　(2) 2つ　　(3) 3つ
(4) 4つ　　(5) 5つ

[問題29] **三硫化リン，五硫化リンおよび七硫化リンの性状について，次のうち正しいものはどれか。**
(1) 比重は三硫化リンが最も大きく，七硫化リンが最も小さい。
(2) 融点は三硫化リンが最も高く，七硫化リンが最も低い。
(3) 五硫化リンは加水分解しない。
(4) いずれも硫黄より融点が高い。

(5)　摩擦，衝撃に対しては，いずれも安定である。

[問題30]　**赤リンの性状について，次の下線部分（A）～（E）のうち，誤っている箇所はどれか。**

「赤リンは，(A) 赤褐色で刺激臭のある固体である。比重は2.1～2.2で，常圧では約400℃で昇華する。(B) 二硫化炭素にはよく溶け，(C) 毒性はないが，燃焼生成物は有毒である。また，第3類危険物の (D) 黄リンとは同素体であり，(E) 黄リンと比べればはるかに不活性である。」

(1)　（A）　　　　　　(2)　（A），（B）　　　　(3)　（B），（C）

(4)　（B），（D）　　　(5)　（C），（E）

[問題31]　**硫黄の性状について，次のうち誤っているものはどれか。**

(1)　黄色の固体で，いくつかの同素体がある。

(2)　水および二硫化炭素に溶けない。

(3)　燃焼すると，有毒ガスである二酸化硫黄（亜硫酸ガス）を発生する。

(4)　電気の不導体で，摩擦等によって静電気を生じやすい。

(5)　融点が110～120℃程度と比較的低いため，加熱し，溶融した状態で貯蔵する場合がある。

[問題32]　**鉄粉の性状について，次のうちA～Eのうち正しいものはいくつあるか。**

　　A　水酸化ナトリウムの水溶液にはほとんど溶けない。

　　B　酸化剤として利用される。

　　C　燃焼すると白っぽい灰が残る。

　　D　微粉状のものは発火の可能性がある。

　　E　希酸に溶け，酸素を発生する。

(1)　1つ　　　(2)　2つ　　　(3)　3つ

(4)　4つ　　　(5)　5つ

[問題33]　**アルミニウム粉の性状について，次のうち誤っているものはどれか。**

(1)　湿気を帯びると空気中で発火するおそれがある。

(2)　塩酸中で発火するおそれがある。

(3)　酸および強塩基の水溶液と反応して酸素を発生する。

(4)　Fe_2O_3と混合して点火すると，Fe_2O_3が還元され，融解して鉄の単体が得ら

れる。

(5)　加熱したアルミニウム粉を二酸化炭素雰囲気中に浮遊させると発火，爆発
　のおそれがある。

[問題34]　**亜鉛粉の性状について，次のうち誤っているものはどれか。**

(1)　湿気，水分により自然発火することがある。

(2)　アルカリとは反応しない。

(3)　酸と反応して水素を発生する。

(4)　濃硝酸と混合したものは，加熱，摩擦等によって発火する。

(5)　硫黄を混合して加熱すると硫化亜鉛を生じる。

[問題35]　**マグネシウムの性状について，次のA～Eのうち誤っているものは
いくつあるか。**

　A　銀白色の軽い金属である。

　B　白光を放ち激しく燃焼し，酸化マグネシウムとなる。

　C　水とは反応しない。

　D　弱塩基に溶けて水素を発生する。

　E　消火に際しては，乾燥砂などで窒息消火する。

(1)　なし　　　(2)　1つ　　　(3)　2つ

(4)　3つ　　　(5)　4つ

第2類危険物の解答・解説

[問題26]　解答　(5)

〈解説〉

(1)　誤り。一般に水に溶けにくい物質です。

(2)　誤り。**硫黄やゴムのり，ラッカーパテ**などにも引火性があります。

(3)　誤り。P.120の総まとめより，水と反応して水素を発生する**アルミニウム粉，亜鉛粉，マグネシウム**（熱水と反応）などもありますが，**硫化リン**のように水と反応して**硫化水素**を発生するものもあるので，誤りです。

(4)　誤り。(3)より，**硫化リン**のように水と反応して**硫化水素**を発生するものはありますが，燃えて硫化水素を発生するものはないので，誤りです。

[問題27]　解答　(4)

〈解説〉

　塊状の硫黄は，**麻袋やわら袋**などに，**粉末状の硫黄**は，**二層以上のクラフト紙や麻袋**などに詰めて貯蔵します。

[問題28]　解答　(2)

〈解説〉

A　適切である。ほとんどの第2類危険物に乾燥砂は有効です。

B　不適切である。鉄粉は**注水厳禁**です。

C　適切である。硫黄は炭酸水素塩類の粉末には適応しませんが，**リン酸塩類**の粉末には適応します。

D　不適切である。アルミニウム粉や亜鉛粉などの**金属粉やマグネシウム**にハロゲン化物は適応しません。

E　不適切である。二酸化炭素消火剤は，**硫化リンや引火性固体**には適応しますが，その他の第2類危険物には適応しません。

　従って，適切なものは，A，Cの2つになります。

[問題29]　解答　(4)

〈解説〉

(1)　誤り。比重は，**三硫化リン＜五硫化リン＜七硫化リン**，の順に大きくなります（三硫化リンが最も<u>小さく</u>，七硫化リンが最も<u>大きい</u>）。

(2)　誤り。融点は，三硫化リンが173℃，五硫化リンが290℃，七硫化リンが310℃なので，(1)の比重と同じ順になります。

(3)　誤り。硫化リンは加水分解して**硫化水素**を発生します。

(4)　正しい。硫黄の融点は113〜120℃なので，(2)より，硫黄より融点が高くなっています。

(5)　誤り。発火点が低いので，衝撃や摩擦熱などによって発火する危険性があります。

[問題30]　解答　(2)

〈解説〉

（A）　「刺激臭」が誤り。正しくは「**無臭**」。

（B）　二硫化炭素には溶けません。

　なお，Cの燃焼生成物とはリン酸化物（**十酸化四リン**）のことです。

[問題31]　解答　(2)

〈解説〉

　硫黄は，水には溶けませんが，二硫化炭素には**溶けます**。

[問題32]　解答　(2)

〈解説〉

A　正しい。水酸化ナトリウムは**アルカリ**なので，鉄粉はアルカリには溶けません。

B　誤り。鉄粉が酸化鉄になる際は自身が酸化されるので，**還元剤**として働きます。

C　誤り。鉄が燃焼すると酸化鉄になり，酸化鉄は種類によって**黒色**や**赤褐色**を呈します。

D　正しい。

E　誤り。鉄粉は酸に溶けて（反応して），**水素**を発生します。

　従って，正しいのは，A，Dの2つになります。

[問題33]　解答　(3)

〈解説〉

　アルミニウは両性元素であり，酸および強塩基の水溶液と反応して**水素**を発生します。

　なお，(4)は，鉄の酸化物にアルミニウム粉を混合して点火すると溶解した鉄が生成されるという**テルミット反応**です。

[問題34]　解答　(2)

〈解説〉

　亜鉛粉は，アルミニウム粉と同じく，酸や**アルカリ**とも反応して**水素**を発生するので，(2)が誤りです。

　なお，(4)の濃硝酸は第6類の酸化剤であり，「酸化剤と混合したものは，加熱，摩擦等によって発火，爆発する危険性がある」というのは，第2類危険物に共通する性状です。

[問題35]　解答　(3)

〈解説〉

A，B　正しい。

C　誤り。冷水で徐々に，熱水では激しく反応して**水素**を発生します。

D　誤り。弱塩基ではなく，**弱酸**に溶けて**水素**を発生します。

E　正しい。火災時は，むしろ等で被覆した上から**乾燥砂**で覆って**窒息消火**をするか，あるいは，**金属火災用粉末消火剤**で消火します。

　従って，誤っているのは，C，Dの2つになります。

第3類の危険物の問題

[問題26] 第3類の危険物の性状として，次のうち誤っているものはどれか。

(1) 自然発火性および禁水性の，両方の性質を有するものがある。

(2) すべて水と反応して可燃性ガスを発生し，発火，若しくは発熱する。

(3) 保護液中に貯蔵されている物品は，保護液から危険物が露出しないよう保護液の減少等に注意する。

(4) 禁水性物品の消火には，炭酸水素塩類等の粉末消火剤を使用する。

(5) 乾燥砂，膨張ひる石（バーミキュライト），膨張真珠岩は，すべての第3類の危険物の消火に使用することができる。

[問題27] 次のA〜Eに掲げる危険物とその貯蔵方法について，正しいものはいくつあるか。

	危険物	貯蔵方法
A	カルシウム	水中に貯蔵する。
B	黄リン	水中に貯蔵する。
C	水素化ナトリウム	水中に貯蔵する。
D	カリウム	灯油中に貯蔵する。
E	ナトリウム	灯油中に貯蔵する。

(1) 1つ　　(2) 2つ　　(3) 3つ

(4) 4つ　　(5) 5つ

[問題28] すべての第3類の危険物火災の消火方法として次のうち不適切なものはどれか。

(1) 噴霧注水や泡消火剤による消火は適切ではない。

(2) 膨張ひる石（バーミキュライト）は，すべての第3類危険物に使用することができる。

(3) 自然発火性のみを有する物質には，水，強化液消火剤，泡消火剤などの水系の消火剤を使用することができる。

(4) 二酸化炭素消火剤，ハロゲン化物消火剤を使用することができる物質もある。

(5)　禁水性物質は，リン酸塩類等以外の粉末消火剤で消火することができる。

[問題29]　**ナトリウムの性状について，次のうち正しいものはいくつあるか。**
　A　青白色の炎を出して燃える。
　B　水とはほとんど反応しない。
　C　二酸化炭素と接すると，発火，爆発する危険性がある。
　D　エタノールと反応して，水素を発生する。
　E　空気中で表面が速やかに酸化される。
(1)　1つ　　　(2)　2つ　　　(3)　3つ
(4)　4つ　　　(5)　5つ

[問題30]　**アルキルアルミニウムの性状について，次のうち誤っているものはどれか。**
(1)　純品で流通するものも多いが，ヘキサン溶液のものもある。
(2)　常温（20℃）では，固体又は液体である。
(3)　アルキル基とアルミニウムの化合物であり，ハロゲンを含むものもある。
(4)　ヘキサン，ベンゼン等の炭化水素系溶媒に可溶であり，これらに希釈したものは反応性が低減する。
(5)　水とは激しく反応するが，空気に触れても直ちに危険性は生じない。

[問題31]　**カルシウムの性状について，次のうちA〜Eのうち正しいものはいくつあるか。**
　A　比重は，水より小さい。
　B　可燃性であり，かつ，反応性はナトリウムより大きい。
　C　水と反応し，水素ガスを発生する。
　D　水素と高温（200℃以上）で反応し，水酸化カルシウムを生じる。
　E　空気中で加熱すると，燃焼して酸化カルシウム（生石灰）を生じる。
(1)　1つ　　　(2)　2つ　　　(3)　3つ
(4)　4つ　　　(5)　5つ

[問題32]　**黄リンの性状として，次のうち誤っているものはいくつあるか。**
　A　燃焼すると，五酸化二リンになる。
　B　赤リンに比べて安定している。
　C　白色又は淡黄色のロウ状の固体である。

　　D　酸化剤とはほとんど反応しない。
　　E　湿った空気中では徐々に酸化され，その酸化熱が蓄積されて自然発火を
　　　　起こす。
(1)　１つ　　　　　(2)　２つ　　　　(3)　３つ
(4)　４つ　　　　　(5)　５つ

[問題33]　ジエチル亜鉛の性状について，次のうち正しいものはどれか。
(1)　灰青色の結晶である。
(2)　水よりも軽い。
(3)　不燃性である。
(4)　ヘキサン，ベンゼンによく溶ける。
(5)　水と反応してエチレンを発生する。

[問題34]　水素化ナトリウムの保護媒体として，次のうち最も適しているもの
　はどれか。
(1)　水　　　　　　　　　(2)　アルコール
(3)　グリセリン　　　　　(4)　酢酸
(5)　流動パラフィン

[問題35]　次の下線部分（Ａ）〜（Ｄ）で誤っている箇所はいくつあるか。
「リン化カルシウムは弱酸と激しく反応し， (A) 可燃性で， (B) 赤褐色， (C)
無臭のリン化水素ガスを発生する。また，このガスは (D) 有毒である。」
(1)　１つ　　　　　(2)　２つ　　　　(3)　３つ
(4)　４つ　　　　　(5)　５つ

第3類危険物の解答・解説

[問題26] 解答 ⑵

〈解説〉

水中貯蔵する**黄リン**は，**水とは反応しません。**

[問題27] 解答 ⑶

〈解説〉

A 誤り。カルシウムは水と反応するので，**金属製容器**に入れて貯蔵します。

B 正しい。

C 誤り。水素化ナトリウムは**注水厳禁**です（窒素を封入した容器や**鉱油中**などに保管）。

D，E 正しい。カリウム，ナトリウムは，酸化を防ぐため，灯油や流動パラフィン中などに貯蔵します。

従って，正しいのはB，D，Eの3つになります。

[問題28] 解答 ⑷

〈解説〉

すべての第3類危険物に，**二酸化炭素消火剤，ハロゲン化物消火剤**は適応しません。なお，⑴は水系消火剤が有効な黄リンもありますが，すべての第3類危険物としては不適切です。また，⑸は，炭酸水素塩類の粉末消火剤が該当します。

[問題29] 解答 ⑶

〈解説〉

A 誤り。炎の色は**黄色**です（カリウムは紫色）。

B 誤り。水とは激しく反応して，**水素**を発生し，**発火する**ことがあります。

C 正しい。

D 正しい。ナトリウムは，**水**やエタノールなどの**アルコール**とは反応して，**水素**を発生します。

E 正しい。空気中では表面が速やかに酸化され，光沢を失います。

従って，正しいのは，C，D，Eの3つになります。

[問題30]　解答　(5)

〈解説〉

(1)(2)　正しい。

(3)　正しい。アルキルアルミニウムは，アルキル基がアルミニウム原子に１個以上結合した化合物です。

(4)　正しい。アルキルアルミニウムやノルマルブチルリチウムなどは，危険性を低減するため，**ベンゼン**や**ヘキサン**などで希釈して取扱われることが多い危険物です。

(5)　誤り。アルキルアルミニウムは，**水**はもちろん，**空気**と触れても激しく反応して発火します。

[問題31]　解答　(2)

〈解説〉

A　誤り。カルシウムの比重は，**1.55**です（水より**大きい**）。

B　誤り。カルシウムは**可燃性**ではありますが，反応性はカリウムやナトリウムよりも**小さい**金属です。

C　正しい（高温ほど激しい）。

D　誤り。水素と反応して生じるのは，**水素化カルシウム**です。

E　正しい。

　従って，正しいのは，C，Eの２つになります。

[問題32]　解答　(2)

〈解説〉

A　正しい。黄リンが燃焼すると，有毒な**五酸化二リン**を発生します。

B　誤り。黄リンは，赤リンに比べて**不安定**です。

C　正しい。

D　誤り。黄リンは，酸化剤と接触すると**爆発する**ことがあります。

E　正しい。黄リンは酸化されやすく，空気中に放置すると約50℃で発火します。

　従って，誤っているのはBとDの２つになります。

[問題33]　解答　(4)

〈解説〉

(1)　誤り。**無色透明**の液体です。

(2)　誤り。ジエチル亜鉛の比重は**1.21**です。

(3)　誤り。ジエチル亜鉛は**自然発火性**で，かつ，**引火性**のある液体です。

(4)　正しい。**ジエチルエーテルやヘキサン**，ベンゼンなどの有機溶媒によく溶けます。

(5)　誤り。水と反応して**エタンガス**などの**炭化水素ガス**を発生します。

[問題34]　解答　(5)

〈解説〉

　水素化ナトリウムは，容器に**窒素**を封入するか，または，**流動パラフィン**や**鉱油中**に保管し，**酸化剤**や**水分**との接触をさけて貯蔵します。

[問題35]　解答　(2)

〈解説〉

　リン化カルシウムが弱酸と反応すると，**リン化水素（ホスフィン）**を発生しますが，リン化水素（ホスフィン）は可燃性で**無色**，悪臭のある有毒な気体なので，(B)，(C) の2つが誤りです。

第5類危険物の問題

[問題26]　**第5類の危険物の性状について，次のうち正しいものはどれか。**
(1)　酸素含有物質であるが，それ自体は不燃性のものが多い。
(2)　強酸，アミン類との接触によって，発火，爆発するものがある。
(3)　すべて自己反応性のある固体物質である。
(4)　すべて空気中に長時間放置すると分解し，可燃性ガスを発生する。
(5)　加熱や衝撃に対しては，安定なものが多い。

[問題27]　**危険物を貯蔵し，取り扱う際の注意事項として，次のA～Eのうち適切なものはいくつあるか。**
　　A　ニトロセルロースは，完全に乾燥させて貯蔵する。
　　B　エチルメチルケトンパーオキサイドは，密栓した容器に貯蔵する。
　　C　アジ化ナトリウムは，ポリ塩化ビニル製の容器に貯蔵する。
　　D　硝酸エチルは，常温（20℃）で引火するおそれがあるので，火気を近づけない。
　　E　ジアゾジニトロフェノールは，水中または水とアルコールの混合液中に貯蔵する。
(1)　1つ　　　(2)　2つ　　　(3)　3つ
(4)　4つ　　　(5)　5つ

[問題28]　**第5類の危険物（金属のアジ化物を除く）の火災に共通して消火効果が期待できるものは，次のうちどれか。**
(1)　リン酸塩類の消火粉末を放射して消火する。
(2)　炭酸水素塩類の消火粉末を放射して消火する。
(3)　棒状または霧状の水を大量に放射して消火する。
(4)　二酸化炭素を放射して消火する。
(5)　ハロゲン化物を放射して消火する。

[問題29]　**過酸化ベンゾイルの性状について，次のうち誤っているものはどれか。**
(1)　エーテル，ベンゼンなどの有機溶媒に溶ける。
(2)　有機物と接触すると，爆発を起こしやすい。

(3) 特有の臭気を有する無色油状の液体である。

(4) 衝撃，摩擦に対して鋭敏であり，爆発的に分解しやすい。

(5) 強酸（濃硫酸や硝酸など）や有機物およびアミン類と接触すると，分解して爆発するおそれがある。

[問題30] **エチルメチルケトンパーオキサイド（市販品）の貯蔵及び取扱いについて，次のうち適切なものはいくつあるか。**

A　高純度のものは，摩擦や衝撃に対して敏感であるので，フタル酸ジメチルなどで希釈されたものが用いられる。

B　直射日光を避け，冷暗所に貯蔵する。

C　水と接触すると分解するので，水と接触させない。

D　酸化鉄，ぼろ布と接触すると分解するので，常温（20℃）においても，これらの物と接触させない。

E　容器に密封して貯蔵する。

(1)　1つ　　　(2)　2つ　　　(3)　3つ

(4)　4つ　　　(5)　5つ

[問題31] **過酢酸（酢酸で希釈し，40%にしたもの）の性状について，次のうち誤っているものはどれか。**

(1) 強い刺激臭がある。

(2) 水との接触により，激しく分解する。

(3) 引火性を有する。

(4) 酸化性物質との接触により，爆発することがある。

(5) 110℃以上に加熱すると，爆発する。

[問題32] **硝酸エチルの性状について，次のうち誤っているものはどれか。**

(1) 沸点は100℃より低い。

(2) 無色，無臭の液体である。

(3) 蒸気は空気より重く，低所に滞留しやすい。

(4) 水よりも重い。

(5) 引火点は常温（20℃）より低い。

[問題33] **ニトロセルロースの貯蔵，取扱いについて，次のうち誤っているものはどれか。**

(1)　通風のよい冷暗所で貯蔵する。

(2)　日光の照射や加熱を避ける。

(3)　貯蔵容器のふたは通気性のあるものを使用する。

(4)　打撃，摩擦等を加えないように取り扱う。

(5)　アルコールや水で湿潤の状態として貯蔵する。

[問題34]　ピクリン酸の性状について，次のうち誤っているものはどれか。

(1)　黄色の結晶である。

(2)　苦味があり，有毒である。

(3)　ジエチルエーテル，ベンゼンなどに溶ける。

(4)　水に溶ける。

(5)　エタノールで湿らせて保管する。

[問題35]　アジ化ナトリウムの性状について，次のA〜Eのうち正しいものは
いくつあるか。

　A　無色の結晶である。

　B　水，エチルアルコールに溶けない。

　C　エーテルに溶ける。

　D　空気中で強熱すると激しく分解または燃焼する。

　E　酸により，有毒で爆発性を持つアジ化水素酸を発生する。

(1)　なし　　　(2)　1つ　　　(3)　2つ

(4)　3つ　　　(5)　4つ

第5類危険物の解答・解説

[問題26]　解答　(2)

〈解説〉

(1)　誤り。**アジ化ナトリウム**のように，酸素を含有していない物質もあり，また，それ自体は不燃性ではなく，**可燃性**の固体または液体です。

(2)　正しい。**過酸化ベンゾイル**は，**強酸**（**濃硫酸**や**硝酸**など）や**アミン類**および**有機物**との接触により，分解して発火，爆発するおそれがあります。

(3)　誤り。自己反応性は正しいですが，固体のみではなく**液体**もあります。

(4)　誤り。ニトロセルロースのように，空気中に長時間放置すると分解するものもありますが，すべてではありません。

(5)　誤り。第5類危険物は，加熱や衝撃に対して，**不安定**であり，発火，爆発するものが多いので，誤りです。

[問題27]　解答　(2)

〈解説〉

A　誤り。ニトロセルロースの乾燥が進むと自然発火する危険性があるので，保護液（**アルコール**や**水**など）で湿潤な状態にして貯蔵します。

B　誤り。エチルメチルケトンパーオキサイドは，分解しやすく，密閉容器に貯蔵すると，内圧が上昇して分解が促進されるので，フタに**通気孔**のある容器を用いて貯蔵します。

C　誤り。

D　正しい。硝酸エチルの引火点は**10℃**なので，常温（20℃）で引火するおそれがあります。

E　正しい。

　　従って，適切なものは，D，Eの2つになります。

[問題28]　解答　(3)

〈解説〉

　アジ化ナトリウム以外の第5類危険物に共通して使用できるのは，**水系の消火剤**と**乾燥砂**（膨張ひる石，膨張真珠岩含む）なので（二酸化炭素，ハロゲン化物，粉末は不可），(3)の「棒状または霧状の水を大量に放射して消火する。」が正解になります。

[問題29]　解答　(3)

〈解説〉

過酸化ベンゾイルは**無臭**で，無色ではなく**白色の結晶**（固体）です。

[問題30]　解答　(3)

〈解説〉

A　正しい。なお，フタル酸ジメチルは**ジメチルフタレート**ともいいます。

B　正しい。

C　誤り。第 5 類の危険物は，アジ化ナトリウム以外水とは反応しません。

D　正しい。

E　誤り。エチルメチルケトンパーオキサイドは不安定な物質で分解しやすく，密栓すると分解が促進されるので，容器の蓋には**通気性**を持たせる必要があります（⇒通気孔付きの容器を用いる）。

従って，適切なものは，A，B，Dの 3 つとなります。

[問題31]　解答　(2)

〈解説〉

過酢酸をはじめ，第 5 類危険物は**水とは反応しません**。

[問題32]　解答　(2)

〈解説〉

(1)　正しい。硝酸エチルの沸点は，**87.2℃**です。

(2)　誤り。硝酸エチルは無色ですが，無臭ではなく，**芳香臭**のある液体です。

(3)　正しい。硝酸エチルの蒸気比重は**3.14**です。

(4)　正しい。硝酸エチルの比重は**1.11**なので，水よりも**重い液体**です。

(5)　正しい。硝酸エチルの引火点は**10℃**です。

[問題33]　解答　(3)

〈解説〉

第 5 類危険物で，容器に通気孔を設ける必要があるのは，**エチルメチルケトンパーオキサイド**（メチルエチルケトンパーオキサイド）だけです（その他，第 6 類の**過酸化水素**も通気孔を設けた容器に貯蔵する）。

[問題34]　解答　⑷

〈解説〉

　ピクリン酸は**水（冷水）**には溶けませんが，**熱水**には溶けます。

[問題35]　解答　⑷

〈解説〉

A　正しい。

B　誤り。アジ化ナトリウムは，エチルアルコール（エタノール）にはわずか
　　に溶け，**水**には溶けます。

C　誤り。アジ化ナトリウムは，エーテルには溶けません。

D　正しい。空気中で強熱すると激しく分解し，爆発することがあります。

E　正しい。

　従って，正しいのは，A，D，Eの3つになります。

第6類危険物の問題

[問題26]　第6類の危険物の性状等について，次のA～Eのうち，誤っているもののみを掲げているものはどれか。
A　不燃性の液体または固体である。
B　一般に比重は1より小さい。
C　多くは腐食性であり，皮膚をおかし，蒸気は有毒である。
D　いずれも無機化合物である。
E　発煙性を有する。
(1)　A　　　　(2)　AとB　　　(3)　AとBとE
(4)　CとD　　(5)　CとDとE

[問題27]　次のA～Eのうち，第6類の危険物（ハロゲン間化合物を除く）にかかわる火災の消火方法として，一般に不適切とされているもののみの組合わせはどれか。
A　二酸化炭素消火剤を放射する。
B　霧状の強化液消火剤を放射する。
C　乾燥砂で覆う。
D　霧状の水を放射する。
E　ハロゲン化物消火剤を放射する。
(1)　AとB　　(2)　AとE　　　(3)　BとD
(4)　CとD　　(5)　CとE

[問題28]　第6類の危険物を運搬する場合の注意事項として，次のうち適切でないものはどれか。
(1)　運搬容器の外部に，緊急時の対応を円滑にするため，「容器イエローカード」のラベルを貼った。
(2)　プロパンガスの入っている容器との混載を避けた。
(3)　第1類以外の他の類の危険物と接触しないように注意して，一緒に積載した。
(4)　日光の直射を避けるため，遮光性のある被膜で覆った。
(5)　可燃物，有機物などと接触をしないように注意した。

[問題29] 過塩素酸の性状について，次のA～Eのうち誤っているものはいくつあるか。

A 無色の液体である。

B 水と接触すると，激しく発熱する。

C おがくず，木片等の可燃物と接触すると，これを発火させることがある。

D ナトリウムやカリウムとは反応しない。

E 加熱すれば分解して，水素ガスを発生する。

(1) 1つ　　(2) 2つ　　(3) 3つ

(4) 4つ　　(5) 5つ

[問題30] 過塩素酸の貯蔵，取扱いの注意事項として，次のうち誤っているものはどれか。

(1) 通風のよい乾燥した冷暗所に貯蔵する。

(2) 有機物や可燃物とは接触しないようにする。

(3) 漏えいした時は，アルカリ液で中和する。

(4) ガス抜き口を設けた金属製容器に貯蔵する。

(5) 火気との接触を避ける。

[問題31] 過酸化水素の性状について，次のA～Eのうち誤っているものの組合せはどれか。

A 水，エーテルにはほとんど溶けない。

B 強力な酸化剤であり，還元剤として働くことはない。

C リン酸や尿酸の添加により，分解が抑制される。

D 腐食性を有するので，普通鋼，銅，鉛の容器への収納は避ける。

E 不安定で，分解すると酸素を発生するとともに発熱する。

(1) AとB　　(2) AとE　　(3) BとC

(4) CとD　　(5) DとE

[問題32] 硝酸の性状について，次のうち誤っているものはどれか。

(1) アセトンやアルコールなどと混合すると，発火または爆発することがある。

(2) 水と任意の割合で混合する。

(3) 無色の液体であるが，加熱または日光によって分解し，その際に生じる二酸化窒素によって黄色または褐色を呈する。

(4) 酸化力が強く，銅，銀などのイオン化傾向の小さな金属とも反応して水素

を発生する。

(5)　濃硝酸をタンパク質水溶液に加えて加熱すると黄色になる。

[問題33]　硝酸の貯蔵および取扱いについて，次のうち適切でないものはいくつあるか。

A　腐食性があるので，ステンレス鋼製の容器による貯蔵は避ける。

B　希釈する場合は，濃硝酸に水を滴下する。

C　鉄，ニッケル，アルミニウム等は濃硝酸と激しく反応して，可燃性ガスを発生するので，それらの材質の貯蔵容器は使用しない。

D　還元性物質に対して比較的安定なので，それらとの接触に注意する必要はない。

E　硝酸により可燃物が燃えている場合は，水，泡等で消火する。

(1)　1つ　　　(2)　2つ　　　(3)　3つ

(4)　4つ　　　(5)　5つ

[問題34]　硝酸の漏えい事故に対する注意事項として，次のうち不適切なものはどれか。

(1)　衣類，身体等に付着しないようにする。

(2)　大量の乾燥砂で流出を防止する。

(3)　発生する蒸気は，毒性が強いので吸い込まないようにする。

(4)　付近にある可燃物と接触させないようにする。

(5)　多量にこぼれた場合は，水酸化ナトリウムを投入して中和する。

[問題35]　ハロゲン間化合物の一般的性状について，次のうち正しいものはいくつあるか。

A　2種類のハロゲン元素からなる化合物の総称である。

B　単独では発火しない。

C　アルカリ金属以外の金属とは反応しない。

D　フッ化物は，一般的に無色で揮発性の液体である。

E　加熱すると酸素を発生して爆発する。

(1)　1つ　　　(2)　2つ　　　(3)　3つ

(4)　4つ　　　(5)　5つ

第6類危険物の解答・解説

[問題26]　解答　(3)

〈解説〉

A　誤り。第6類危険物は**不燃性の液体**です。

B　誤り。第6類危険物は，比重が**1より大きい**物質です。

C，D　正しい。

E　誤り。過塩素酸のように，**発煙性**を有するものもありますが，すべてではありません。

　　従って，誤っているのは，A，B，Eとなります。

[問題27]　解答　(2)

〈解説〉

　第6類の危険物の消火に，**二酸化炭素消火剤**と**ハロゲン化物消火剤**（および**炭酸水素塩類**を使用する**粉末消火剤**）は適応しません。

[問題28]　解答　(3)

〈解説〉

　類の異なる危険物を同一車両で運搬することを混載といいますが，第6類危険物と混載ができるのは，同じ酸化剤である第1類危険物だけであり，その他の類の危険物とは混載できません。

[問題29]　解答　(2)

〈解説〉

A～C　正しい。

D　誤り。ナトリウムやカリウムは第3類危険物に属する反応性の高い**アルカリ金属**で，過塩素酸のような**酸**とも反応し，発火，爆発する危険性があります。

E　誤り。水素ガスを発生するのは，加熱ではなく，過塩素酸の水溶液が**金属**と反応した場合です。

　　なお，加熱した場合は，**塩化水素**を発生します。

[問題30]　解答　(4)

〈解説〉

　第６類危険物については，**過酸化水素**以外，容器は**密封（密栓）**します。

[問題31]　解答　(1)

〈解説〉

A　誤り。水，エーテルには**溶け**，ベンゼンには溶けません。

B　誤り。過酸化水素は強力な酸化剤ですが，**過マンガン酸カリウム**のように，相手が自分より強力な酸化剤の場合は，還元剤として働きます。

C～D　正しい。

[問題32]　解答　(4)

〈解説〉

(1)　正しい。「硝酸は**有機物**と接触すると，発火または爆発する危険性がある」から判断します。

(2)　正しい。「第６類危険物は，一般的に水に溶けやすい」から判断します。

(3)　正しい。「硝酸は，加熱や日光によっても分解する」から判断します。

(4)　誤り。「水素を発生する」が誤りで，銅，銀などのイオン化傾向の小さな金属と反応した際に発生する気体は次のとおりです。

　　　希硝酸⇒**一酸化窒素**，　濃硝酸⇒**二酸化窒素**

　　　（濃度が高いほど数値が大きい（一⇒二））

(5)　正しい。

[問題33]　解答　(4)

〈解説〉

A　誤り。硝酸は，銅や鉛など多くの金属を腐食させますが，**ステンレスやアルミ**（希硝酸は除く）に対しては安定しているので，容器として用いられています。

B　誤り。硝酸を希釈する場合は，**水に濃硝酸を少しずつ加えていきます。**

C　誤り。**鉄，ニッケル，アルミニウム**については，**濃硝酸**には表面に**不動態被膜**を形成するので侵されないので，容器として使用可能です（**希硝酸**に対しては不動態被膜を形成しないので，侵され（腐食する），容器として使用することはできません）。

D　誤り。第６類危険物は還元性物質に対しては反応するので，これらのもの

との接触に注意して貯蔵します。

E　正しい。硝酸により可燃物が燃えている場合は，**水，泡**（水溶性液体用泡消火剤）等で消火します。

　　従って，適切でないものは，A，B，C，Dの4つになります。

[問題34]　解答　(5)

〈解説〉

　強いアルカリ性の水酸化ナトリウムは，**酸化剤**と接触すると，**発熱**や**発火する**ことがあるので，強酸化剤である硝酸に投入するのは不適切です。

[問題35]　解答　(3)

〈解説〉

A　正しい。

B　正しい。ハロゲン間化合物は不安定な物質ですが，単独では発火はしません。

C　誤り。ハロゲン間化合物の共通する性状である「**フッ素原子を多く含むものほど，ほとんどの金属，非金属と反応してフッ化物をつくる**」から判断できます。従って，アルカリ金属以外の金属であっても，フッ素原子を多く含むものほど，ほとんどの金属，非金属と反応してフッ化物をつくるので，誤りです。

D　正しい。

E　誤り。「**ハロゲン間化合物は酸素を含んでいない**」を理解していれば解ける問題で，当然，酸素を含んでいないので，加熱しても酸素は発生しません。

　　従って，正しいのは，A，B，Dの3つになります。

巻末資料

消防法別表第 1 （注：主な品名のみです）

類別	性質	品　名
第 1 類	酸化性固体	1．塩素酸塩類 2．過塩素酸塩類 3．無機過酸化物 4．亜塩素酸塩類 5．臭素酸塩類 6．硝酸塩類 7．よう素酸塩類 8．過マンガン酸塩類 9．重クロム酸塩類
第 2 類	可燃性固体	1．硫化りん 2．赤りん 3．硫黄 4．鉄粉 5．金属粉 6．マグネシウム
第 3 類	自然発火性物質及び禁水性物質	1．カリウム 2．ナトリウム 3．アルキルアルミニウム 4．アルキルリチウム 5．黄りん 6．アルカリ金属（カリウム及びナトリウムを除く）及びアルカリ土類金属 7．有機金属化合物（アルキルアルミニウム及びアルキルリチウムを除く） 8．金属の水素化物 9．金属のりん化物 10．カルシウム又はアルミニウムの炭化物
第 5 類	自己反応性物質	1．有機過酸化物 2．硝酸エステル類 3．ニトロ化合物 4．ニトロソ化合物 5．アゾ化合物 6．ジアゾ化合物 7．ヒドラジンの誘導体
第 6 類	酸化性液体	1．過塩素酸 2．過酸化水素 3．硝酸

索　引

Memo

弊社ホームページでは，書籍に関する様々な情報（法改正や正誤表等）を随時更新しております。ご利用できる方はどうぞご覧下さい。http : // www.kobunsha.org 正誤表がない場合，あるいはお気づきの箇所の掲載がない場合は，下記の要領にてお問い合せ下さい。

―本試験によく出る！―

乙種1・2・3・5・6類危険物取扱者試験問題集〈科目免除者用〉

著　　　　者	<ruby>工<rt>く</rt></ruby><ruby>藤<rt>どう</rt></ruby>　<ruby>政<rt>まさ</rt></ruby><ruby>孝<rt>たか</rt></ruby>	
印刷・製本	亜細亜印刷株式会社	
発 行 所	株式会社 **弘 文 社**	☎546-0012 大阪市東住吉区 中野2丁目1番27号 ☎ 　（06）6797—7441 FAX（06）6702—4732 振替口座 00940—2—43630 東住吉郵便局私書箱1号
代 表 者	岡﨑　　靖	

ご注意
（1）本書は内容について万全を期して作成いたしましたが，万一ご不審な点や誤り，記載もれなどお気づきのことがありましたら，当社編集部まで書面にてお問い合わせください。その際は，具体的なお問い合わせ内容と，ご氏名，ご住所，お電話番号を明記の上，FAX，電子メール（henshu1@kobunsha.org）または郵送にてお送りください。
（2）本書の内容に関して適用した結果の影響については，上項にかかわらず責任を負いかねる場合がありますので予めご了承ください。
（3）落丁・乱丁本はお取り替えいたします。